光生物安全要求与检测

主编　程丽玲

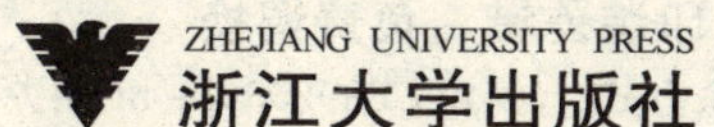

图书在版编目（CIP）数据

光生物安全要求与检测 / 程丽玲主编. —杭州：浙江大学出版社，2015.11
ISBN 978-7-308-14902-0

Ⅰ. ①光… Ⅱ. ①程… Ⅲ. ①光学—生物工程—安全管理 Ⅳ. ①043

中国版本图书馆 CIP 数据核字（2015）第 166742 号

光生物安全要求与检测

主　编　程丽玲

责任编辑　杜希武
封面校对　余梦洁
封面设计　刘依群
出版发行　浙江大学出版社
（杭州市天目山路 148 号　邮政编码 310007）
（网址：http://www.zjupress.com）
排　　版　杭州好友排版工作室
印　　刷　浙江省良渚印刷厂
开　　本　710mm×1000mm　1/16
印　　张　12
字　　数　209 千
版 印 次　2015 年 11 月第 1 版　2015 年 11 月第 1 次印刷
书　　号　ISBN 978-7-308-14902-0
定　　价　39.00 元

浙江大学出版社发行部联系方式：(0571) 88925591；http://zjdxcbs.tmall.com

主　　编　程丽玲

副 主 编　胡静慧　徐哲谆

编写人员　傅啸琪　朱晓燕　冯泽良　冯　亮
许　飞　潘　杰　谢晓韦　许　健
朱　凌　张　斌　蔡永华　唐仁幸

序

随着电光源产品的不断升级换代，被称为第四代照明光源的LED光源的出现，带动了整个照明产品的转型升级，几乎所有的传统照明企业都纷纷转向LED照明的研发与生产。同时由LED引发的光辐射危害也悄然进入公众视野，近年来不少关于LED蓝光成为“伤眼凶手”的新闻报道，使人们一度谈“蓝”色变；另外也有新闻报道浴霸灯的红外热危害造成婴儿眼睛被灼伤，最终导致失明。为了对光辐射危害进行系统分析和客观评价，引导消费者正确安全地使用灯和灯具，控制光辐射危害对人类的伤害，让光真正造福于人类，业界专家提出了光生物安全的评价体系，旨在通过对产品不同辐射曝辐量的分类考核，评价灯和灯系统的光生物安全性。引导企业在进行光环境设计时，对于视觉之外的光能的作用效果要有一个正确的认识和考虑，在对各种影响，特别是伤害可能性方面进行正确评估的基础上，进行视觉环境的设计，预先设置伤害发生的防范措施。

本书第一章主要介绍了灯和灯系统光辐射、光源特别是LED光源的基础知识，而后阐述了照明电器产品的电磁辐射危害。后续几章首先从光生物安全历史发展开始，系统研究了光生物安全法律法规以及各国和地区的标准要求与实施差异；在此基础上进行了光生物安全检测技术探索，从光生物安全原理出发介绍了几代测试设备的原理和功能，选择典型款照明产品进行检测说明，以明示标准在测试方法、结果判定等方面的实际应用；通过对大量产品的测试比较，统计分析了两种测量距离下的测量结果趋势，通过对危害距离的实际测量和计算举例，让读者较容易的理解危害距离的应用。其次，以实验室积累的丰富测试经验为基础，对光生物安全体系中提出的八类危害进行了产品案例检测分析与整改说明，进一步阐述了灯和灯系统使用可能产生的危害风险，给出了如何避免风险的预防措施，对该书的使用者来说有较为直接的参考作用。最后，通过对光生物安全检测实验室的风险评估研究和实验室运行示范的举例报告，试图让光生物安全检测实验室工作人员明白和了解自身工作中的光辐射风险，以及如何防护化解风险。

本书的出版，得益于检验检疫局、检测研究机构、照明生产企业和高校等组织的帮助，在此衷心感谢杭州出入境检验检疫局、绍兴出入境检验检疫局、浙江大学、杭州浙大三色仪器有限公司、杭州远方光电信息股份有限公司等单位的大力支持。

由于光生物安全评价体系的研究是一个较新的领域，其研究过程是动态和持续的，因此各国的法律法规和标准会根据产品发展的要求不断地更新，同时相应的检测技术也会不断地提高，本书中的内容在刊出后有滞后的部分，恳请读者原谅，也敬请读者关注最新的版本内容。

编　者

2015 年 8 月

目 录

第 1 章　光辐射基础知识

1.1 概　述

按照波长和人眼的视觉生理效应，光辐射可分为紫外辐射、可见光和红外辐射，其波段示意详见图 1-1。紫外光、可见光和红外光，在照射适当的情况下，对人体的生理可以产生积极的影响，如被广泛用来消毒的紫外杀菌灯和具有治疗作用的红外线治疗仪等。但是当光照射不足或者过度时，也极有可能对人体造成视网膜的损伤和皮肤的灼伤等伤害，而且光辐射损伤通常是一种长期累积的视觉系统或皮肤病变，其形成和发展过程往往难以察觉，对人体的伤害更具隐蔽性，因此我们必须充分了解光源和灯系统的工作原理，了解照明电器产品的各种功能，以及由此可能带来的危害，有效地利用好光辐射能量，让光造福于人类，同时保护好自身、保护好环境。

本章主要介绍紫外辐射、可见光、红外辐射以及 LED 光源的基础知识和各种光辐射的典型应用，并在此基础上详细分析了照明产品对人体的光辐射危害和对人体的电磁辐射危害。

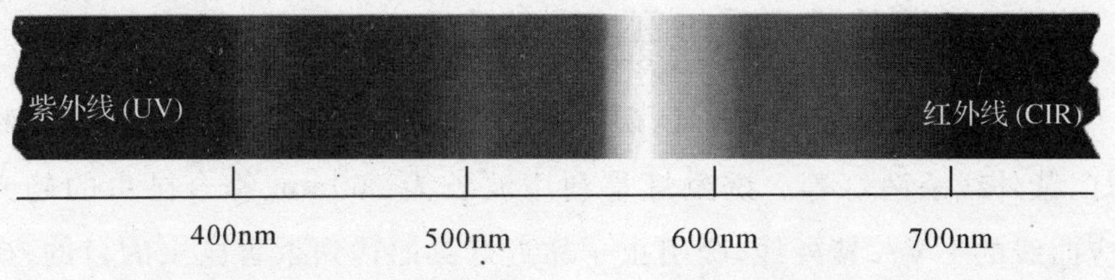

图 1-1　紫外辐射、可见光和红外辐射的波段示意

1.2 紫外辐射

紫外辐射又称紫外线，是指波长为100～400nm的电磁辐射。它分为长波紫外线(UVA)、中波紫外线(UVB)和短波紫外线(UVC)。当考虑紫外辐射的影响时，我们通常又将100nm到400nm波长细分如下：

(1)长波紫外线(UVA)即黑斑区：波长为315～400nm；

(2)中波紫外线(UVB)即红斑区：波长为280～315nm；

(3)短波紫外线(UVC)即杀菌区：波长为100～280nm。

习惯上，波长范围在100～200nm的短波紫外线(UVC)也叫作真空紫外线。一般认为真空紫外线辐射能被大气层吸收，不会对人类造成伤害。对人类有影响的紫外线主要在200～400nm的波长区间。

1.2.1 紫外辐射的生理效应

人的眼睛感觉不到紫外线的存在，但是紫外线对人的生理有较大的影响。紫外线照射皮肤时，会引起血管扩张，出现红斑，过量照射会产生弥漫性红斑，并形成小水泡和水肿，长期照射会使皮肤干燥、失去弹性和老化。紫外线照射可能会对眼睛造成损伤，如电弧光等会引起急性角膜炎、结膜炎，医用UVA荧光灯有可能导致人体光过敏和白内障。所以要特别提醒：在使用医用紫外线灯时，眼睛直视时间不要超过2～3分钟，使用完后要开窗通风，否则受伤害的风险较大。

1.2.2 紫外线灯具举例

常见的紫外线灯有诱虫灯、矿石鉴定灯、验钞灯、紫外线保健灯、植物生长灯、紫外线杀菌灯等。诱虫灯是利用波长为360nm、符合昆虫的趋光性反应曲线的UVA紫外线，吸引虫子靠近灯具而达到杀害昆虫的目的；矿石鉴定灯、验钞灯灯光的波长为365nm左右，紫外线透过完全屏蔽可见光的、特殊着色的玻璃灯管释放近紫外线，两者均通过紫外线的荧光效应完成防伪识别，如验钞灯是通过钱币上有特殊的荧光油墨印制的标记，在紫外线的激发下发出的淡绿色荧光，完成防伪标志的鉴定；紫外线保健灯、植物生长灯灯光的波长峰值在 300nm 左右，两者均使用特殊透紫玻璃，屏蔽波长 254nm 以下的光，使紫外线能抑制茎节间伸长，促进多发侧枝和芽的生长。日光灯、节能灯灯管采用的是普通玻璃，紫外线不能透出来，被荧光粉吸收后发出可见光，而紫外线杀菌灯灯管则用透紫外线玻璃或石英玻璃生产，紫外线穿过玻璃管壁透射出来，该灯利用紫外线的照射，破坏及改变微生物的脱氧核糖核酸（DNA）的结构，杀死细菌或者使其无法繁殖后代，以完成杀菌目的。实际具有杀菌效用的是短波紫外线（UVC），因为短波紫外线容易吸收生物体的 DNA，最佳波长在 253.7nm 左右。紫外线杀菌灯的原理是纯物理消毒，其优点是简单方便、高效广谱、二次污染少，新设计的紫外线灯管不断推陈出新，其使用的范围日益扩大。

1.3　可见光

可见光通常是指波长为 380～780nm 的电磁波，人眼可以感知，一般人的眼睛可以感知的电磁波波长为 400～700nm，但也有少数人能够感知的波长范围会更宽一些。蓝色和紫色属于短波，红色属于长波，黄色和绿色处于可见波长的中间，通常人眼对电磁波最为敏感的区域是波长约为 555nm 的绿色区域。

1.3.1　可见光辐射的生理效应

可见光对人体的生理效应主要有造成皮肤的烧伤、红斑，以及对眼睛的损伤如白内障、热损伤、日光视网膜炎、斑点恶化等等。光对视网膜的损害程度取决于光的波长和强度以及曝露时间的长短。因紫外光和红外光通常被角膜和晶状体吸收，一般不会照射到视网膜。但波长为 400～500nm 的高能量蓝光可以穿透晶状体到达视网膜，对其造成光化学损害，加速黄斑区细胞的氧化。因而，蓝光被研究证明是最具有危害性的可见光。

1.3.2 可见光灯具举例

常见的可见光灯具有白炽灯、卤素灯、荧光灯、节能灯、LED 灯、高压钠灯、金卤灯、无极灯、霓虹灯等。

下面介绍几种常见可见光灯具的工作原理，以此说明该类灯具在日常使用时可能产生的各种波长的可见光辐射：

(1)白炽灯：其结构是把灯丝(单螺旋灯丝或双螺旋灯丝)放入玻璃外壳内，再加上一个灯头，灯丝呈螺旋状是为了减少灯丝中钨的蒸发，延长其使用寿命，一般在玻璃外壳内充入氩氮混合气，也是为了减少灯丝中钨的蒸发。在灯接入电路时，电流流经灯丝，电流产生热效应，使白炽灯泡发出连续可见光以及红外线，这种现象在灯丝温度升至 700K 时即可被人察觉，其热辐射发光的波长是从近红外波长(780nm)逐渐递减至紫外波长(380nm 左右)。白炽灯是低色温光源，色温一般为 2400～2900K，显色性较好，显色指数为 99～100。但因工作时灯丝温度高，大部分的能量以红外辐射的形式消耗，因此使用寿命短，一般不超过 1000h。在所有用电照明产品中，白炽灯的效率最低。仅有约 2%的能量可转化为光能，白炽灯的光效虽低，但光色和集光性能很好，是产量最大、应用最广的电光源。

(2)卤素灯：在白炽灯的基础上，在填充气体内增加微量的卤素元素而形成的高效的小型光源。普通玻璃外壳亦改换成石英玻璃、硬质高硅氧玻璃或铝酸盐玻璃以克服高温。卤素灯具有光效高、寿命长的特点，且在卤素灯内存在“钨卤循环”，即循环的化学反应。卤素灯和白炽灯一样都是热辐射光源，会辐射大量热量，但卤素灯所发出的光强度远远高出白炽灯，而能耗约降低 1/3。卤素灯发出的光含有紫外线成分，分为 UVA，UVB，UVC 3 个波段，而 UVB，UVC 对被照物有漂白作用。卤素灯是否会产生对人体有害的 UVB，UVC 取决于卤素灯的玻璃外壳。

(3)荧光灯：一种阴极低压汞蒸气的放电灯，利用放电释放的紫外线，通过荧光粉的反射转换成可见光，使用双螺旋或三螺旋的钨制灯丝，在灯丝表面涂上电子发射材料，组成发射极。玻璃管内填充氩气、氪气、氖气的混合气，以及汞齐，玻管内壁涂三基色荧光粉。其工作原理：镇流器产生脉冲电压，使灯丝预热，阴极上的电子发射材料被激活，从而产生电子，电子与灯管内的汞原子碰撞产生波长为 253.7nm 和 185nm 的紫外线，其中主峰值波长为 253.7nm，约占全部辐射能的 70%～80%；次峰值波长为 185nm，约占全部辐射能的 10%。紫外线透过涂有荧光粉的玻璃管内壁折射出可见光。因为使用了三基色荧光粉且有紫外光成分，荧光灯光谱有多个细小的尖峰波形，且有压力约为 0.8Pa 的汞蒸汽，在电场作用下放电，汞原子的价电子从原始状态被激发成为激发态。同时，又以激发态自发地返回到基态，将价电子转化为电磁辐射能，并辐射出 353.7nm 的紫外线，其他还有 10%左右的 85nm 短波紫外线。玻璃管内壁荧光粉吸收波长为 353.7nm 的紫外线，把它转化为可见光。由于荧光灯所消耗的电能大多用于产生紫外线因而荧光灯的发光效率远远高于白炽灯和卤钨灯，是较为节能的照明光源。荧光灯工作时灯丝的温度在 1160K 左右，比白炽灯工作的温度 2400～2900K 低很多，所以它的使用寿命也大大延长，达到 5000h 以上。荧光灯的另一特点是显色性好，对色彩丰富的物品及环境有比较理想的照明效果，光衰小，因此，被广泛地应用。

(4)LED 灯：是一种能够将电能转化为可见光的固态半导体元器件，即发光二极管，它直接将电能转化为光能。LED 的核心部件是一块半导体的晶片，晶片的一端附在支架上，一端是负极，另一端是连接电源的正极，整个晶片由环氧树脂封装起来。单个 LED 灯珠仅在约 3V 的低电压、约几毫安的低电流下工作，发出微弱的光线，且单个 LED 灯珠仅能单向导电，因此 LED 灯需要加上镇流电路(LED 灯的驱动电路)，使集成的多个 LED 灯珠在市电下工作，再安装上灯头。即自镇流 LED 灯，就是指带灯头的能把稳定燃点部件集成为一体的 LED 灯，能方便地替代传统的白炽灯。常用的 LED 白光照明是由蓝色 LED 激发的荧光光源，除了一部分耗散给电子元件的热量，LED 照明的白光大部分能量都能转化为可见光，其光效可达 50～200lm/W。其特点是构造简单、成本低、使用寿命长、发光效率高、不易破碎。

1.4 红外辐射

红外辐射也叫作红外线、红外光，波长范围覆盖 700nm～1000μm，一般可细分为：

(1)近红外辐射(IR-A)：波长为 700～1400nm；

(2)中红外辐射(IR-B)：波长为 1400～3000nm；

(3)远红外辐射(IR-C)：波长为 3000nm～1000μm。

1.4.1 红外辐射的生理效应

跟人的眼睛不能感觉紫外辐射一样，人的眼睛也不能感觉红外辐射的存在，但红外辐射对人的生理却是存在的影响，热效应通常就是由红外辐射引起的。红外线照射皮肤时，大部分被皮下组织吸收使局部加热，皮肤温度升高，血管扩张，出现红斑反应，反复照射时局部会出现色素沉着。过量的红外线照射，会引起皮肤急性灼伤，照射面积较大、时间较长时，人体会因过热而出现全身症状，甚至发生中暑。红外线照射对人体眼睛的损伤尤其厉害，可能会导致人眼晶状体浑浊而引发为白内障，引起角膜和瞳孔括约肌的损伤、眼睛不适或疼痛、瞳孔痉挛甚至瞳孔括约肌瘫痪、双眼集合作用减退、阅读困难，等等。

1.4.2 红外辐射灯具举例

常见的红外灯具产品有浴霸灯、加热消毒灯、红外线理疗灯、鞋机专用近红外远红外加热灯、美容器械红外灯、纸张烘烤干燥红外线灯、覆膜机专用红外线灯管、育雏用红外线热灯、汽车烤漆灯等。

红外灯具发射近红外或远红外辐射线谱，一般色温在 2500K 以下，其灯丝比白炽灯的灯丝长度略长，灯壳一般呈管形或者球形，发射的可见光相比功率相同的白炽灯泡要更少些，视觉感觉较暗。将钨灯丝伸入到充满气体的石英管当中，在接通交流电压时，钨灯丝会发热且加热石英管中的气体，由此产生红外线电磁波，而红外线可对外辐射，从而达到加热效果。

1.5　人造光源

自 1897 年爱迪生发明碳丝白炽灯后，人类从漫长的火光照明时代进入电气照明时代，人造光源的出现被国际科技界公认为是现代文明社会的一个重要里程碑。20 世纪以来，电光源照明史经历了从第一代热辐射光源到第四代固态照明光源的变革，电光源技术有了突飞猛进的发展。四代电光源的发展，各有其典型代表，如图 1-2 所示。

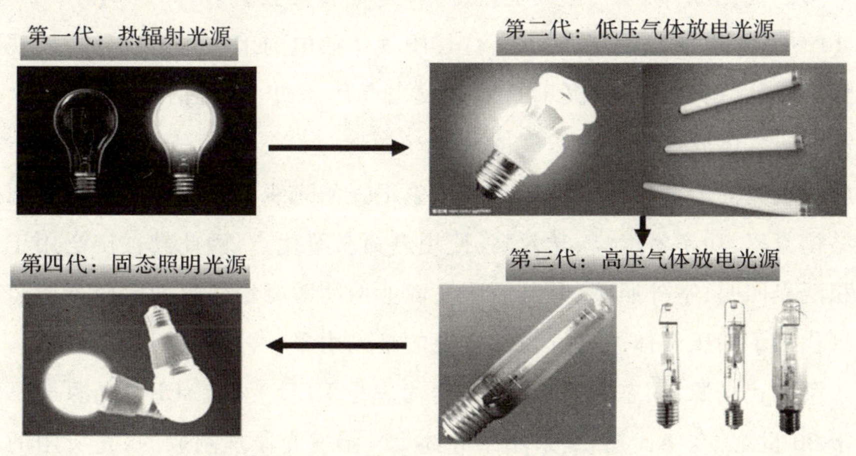

图 1-2　四代典型电光源举例

第一代光源：热辐射光源，典型代表是白炽灯。1879 年，美国发明家托马斯·阿尔瓦·爱迪生制成了碳化纤维(碳丝)白炽灯，宣告了第一代电光源的诞生。白炽灯具有光谱连续、显色性好、结构简单、可调光、无频闪、无汞环保等优点，这使得其在随后的数十年间取得了快速发展。白炽灯被认为是最接近太阳光色且无光辐射危害的人造光源。热辐射光源是利用电流通过电阻丝发热形式的热辐射发光，除白炽灯外，卤钨灯也属于此类光源。

第二代光源：低压气体放电光源，典型代表是荧光灯。20 世纪 30 年代，荷兰科学家开发出第一支荧光灯，随后又开发出了集镇流器于一体的紧凑型荧光灯。1974 年，荷兰飞利浦首先研制成功了能够发出人眼敏感的红、绿、蓝三色光的荧光粉。三基色（又称三原色）荧光粉的开发与应用是荧光灯发展史上的一个重要进步。荧光灯具有发光效率高、寿命长、光色好等优点，这使其在家居、办公、商业照明领域逐渐取代白炽灯而成为使用最广泛、最成功的灯种之一。在荧光灯开发成功的同时，基于同样工作原理的紫外线灯也被成功开发出来，被应用于杀菌消毒、固化、验钞等领域。随着其工艺技术水平的不断提高，紫外线在其特殊的应用领域还将继续发挥其重要的作用。

第三代光源：高压气体放电光源，典型代表是金卤灯、高压钠灯。20 世纪 40—60 年代，科学家发现提高灯具中气体放电的工作压力灯具会表现出优异的特性，据此科学家又不断地开发出高压汞灯、高压钠灯、金属卤化物灯等高压气体放电灯。高压气体放电光源通过灯管中的弧光放电，再结合灯管中填充的惰性气体或金属蒸气产生很强的光线。高压气体放电光源具有结构紧凑、功率密度高、光效高、使用寿命长等优点，因此其被广泛用于大面积泛光照明、室外照明、道路照明及商业照明等领域。目前陶瓷金属卤化物灯代表了高压气体放电灯技术发展的最高水平。

第四代光源：固态照明光源，典型代表是 LED 光源。LED 光源最早问世于 20 世纪 60 年代初，是采用半导体 PN 结发光原理制成的，它所用的材料为 GaAsP，发红光，峰值波长为 650nm，发光效率约为 0.1lm/W。随后又相继开发出各种 LED 单色光源。随着技术的进步，1998 年，科学家通过将 GaN 芯片和钇铝石榴石（YAG）荧光粉封装在一起成功研究制了发白光的 LED 灯。近年来，白光 LED 灯应用越来越广泛，从室外照明领域延伸到了室内照明领域，被誉为继白炽灯、荧光灯和氙气灯之后的第四代照明电光源，或被称为 21 世纪绿色光源。但是，固态照明光源不只是单指半导体光源，更不等同于 LED 光源，LED 光源只是固态光源中最早出现的初始原型，还有 OLED，QDs 等新型固态照明光源。新型固态照明光源的发展还只是开始，无论在原理、技术、材料还是工艺等各方面都还有很大的发展空间，有待进一步开发、完善和成熟。

随着社会的不断进步，LED 光源作为第四代光源已被广泛运用于现实生活中，如彩色广告灯、交通信号灯、显示器背光灯、汽车照明灯等领域，与人类日常生活密不可分，其发展迅猛大有替代传统照明产品的趋势。它具有体积小、耗电量低、使用寿命长、高亮低热、环保、可控性强等诸多优点，但由于其设计和生产工艺的原因，如使用不当会对人体产生严重的辐射危害。所以，本节重点以 LED 光源及其照明产品为例介绍其发光原理、特点以及 LED 光源的应用和光辐射危害等相关知识。

1.5.1　LED 发光原理

LED 是英文 light emitting diode(发光二极管)的缩写，是一种发光的半导体元件。发光二极管的核心部分是由 P 型半导体和 N 型半导体组成的晶片，在 P 型半导体和 N 型半导体之间有一个有源层，整个结构称为PN结。给 PN 结加正向电压时，电流可以从 P 电极轻易地流向 N 电极，注入的少数载流子与多数载流子复合时会把多余的能量以光的形式释放出来，从而把电能直接转换为光能，半导体晶体即发出从紫外线到红外线不同波段和颜色的光线。给 PN 结加反向电压时，少数载流子难以注入，故不发光。因此 LED 只能够往一个方向导通(通电)，叫作正向偏置(正向偏压)，如图 1-3 所示。

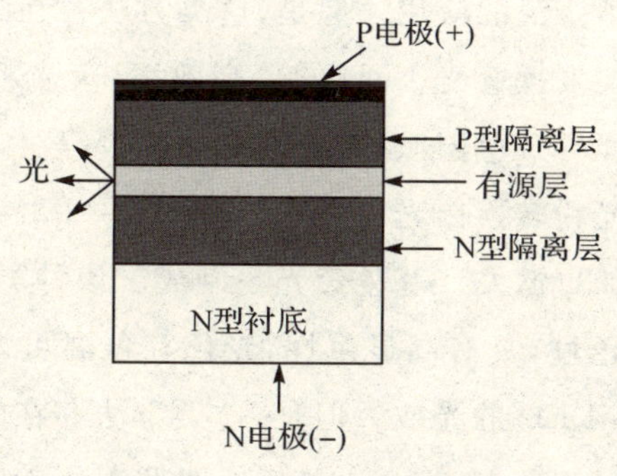

图 1-3　LED 的发光原理

LED 发光的强弱与电流有关，所发出的光的波长(颜色)由组成 P、N 架构的半导体材料的禁带决定。由于硅和锗是间接带隙材料，这些材料在常温下时，其电子与电洞的复合是非辐射跃迁，此类跃迁没有释出光子，而是把能量转化为热能，所以硅和锗二极管一般不能发光，只有在极低温的特定温度下才会发光，而且只有在特殊角度下才可发现，该发光的亮度不明显。发光二极管所用的材料都是直接带隙型的，因此能量会以光子形式释放，这些禁带对应着近红外线、可见光或近紫外线波段的光能量。

1.5.2 LED 光源类型

白光 LED 灯的出现和发展，使得 LED 光源得到了进入普通照明领域的金钥匙，其发光原理：GaN 芯片发蓝光，峰值波长为 465nm，高温烧结制成的含 Ce^{3+} 的 YAG 荧光粉在该蓝光激发后发出黄光，峰值波长为 550nm。蓝光 LED 芯片安装在碗形反射腔中，覆盖混有 YAG 荧光粉的树脂薄层。LED 芯片发出的蓝光一部分被荧光粉吸收，另一部分与荧光粉发出的黄光混合，最终得到白光。通过改变 YAG 荧光粉的化学组成和荧光粉层的厚度，可以获得色温 3500～10000K 的白光 LED。目前业界采用最多的白光 LED 光源的种类根据荧光粉类型的不同可分为以下 3 种：

(1)二基色荧光粉转换白光 LED

利用蓝光 LED 芯片和 YAG 荧光粉制成。该种方法结构和制作工艺相对简单，成本也较低，而 YAG 荧光粉被应用在荧光灯中多年，工艺也比较成熟，因此得到了广泛的应用。但是，这类方法存在的问题有荧光粉自身存在能量损耗，未能发挥蓝光 LED 的最高效率，荧光粉与封装材料易随着时间产生老化，从而导致色温漂移、使用寿命减少等。

(2)三基色荧光粉转换白光 LED

利用紫外线 LED 激发三基色荧光粉制成。该种类型的白光 LED 能有效提升 LED 的显色性，具有高显色性，光色和色温可调。使用高转换效率的荧光粉可以提高 LED 的光效。但是，这类方法存在的问题有荧光粉在转换紫外辐射时效率较低，封装材料在紫外线照射下容易老化，使用寿命较短等。

(3)三波长白光 LED

利用红绿蓝三基色混合原理，将红绿蓝三色 LED 芯片封装在一起，混合发出的光得到白光。该种类型的白光 LED 灯与荧光粉转换白光 LED 灯相比，避免了荧光粉在转换过程中自身存在的能量损耗，可以得到较高的光效。同时，三波长白光 LED 在不同的三基色比的组合下，可以得到不同的颜色调控，也可通过选择 LED 的波长和强度得到较好的显色性。但是，这类方法存在的问题有 LED 芯片的半导体材质性能质量不一，量子效率不同，光色随电流和温度变化不能保持一致，随时间的衰减速度也不同。因此，为了保持颜色的稳定性，会对 LED 分别增加反馈电路进行补偿和调节，从而导致电路过于复杂。

另外，如果根据芯片数量的不同进行分类，有以下几种类型：

(1)单芯片

单芯片是指芯片数量只有一片，常见的有 4 类：蓝色 LED＋InGaN/YAG，通过 InGaN 的蓝光与 YAG 的黄光混合成白光；蓝色 LED＋InGaN/荧光粉，通过InGaN的蓝光激发的红绿蓝三基色荧光粉发白光；蓝色 LED＋ZnSe，通过由薄膜层发出的蓝光和在基板上激发出的黄光混色成白光；紫外线 LED＋InGaN/荧光粉，通过 InGaN 的紫外线激发的红绿蓝三基色荧光粉发白光。

(2)双芯片

双芯片是指芯片数量为两片，常见的有蓝色 LED、黄绿色 LED＋InGaN、GaP，通过将具有补色关系的两种芯片封装在一起，构成白色 LED。

(3)三芯片

三芯片是指芯片数量为三片，常见的有蓝色 LED、绿色 LED、红色 LED＋InGaN、AlInGaP，通过将发三基色的三种小片封装在一起，构成白色 LED。

(4)多芯片

多芯片是指芯片数量为多片，常见的有多种光色的 LED＋InGaN、GaP、AlInGaP，通过将遍布可见光区的多种光芯片封装在一起，构成白色 LED。

1.5.3 LED 照明产品的特点

与传统的照明产品相比，LED 照明产品具有光通量大、低功耗、使用寿命长、低电压、多光色、抗震动、安全环保、体积小、重量轻、方向性好，并可耐各种恶劣条件等优点，其在功耗、寿命以及环保等方面均有传统光源不可比拟的优越性，足以对传统照明市场造成巨大冲击。其具体表现：

(1)发光效率高、耗电量少

LED 光源发光效率与传统光源相比较，有较大的提升，LED 光源光效可达 50～200lm/W，而白炽灯光效为 12～24lm/W，荧光灯为 50～70 lm/W，钠灯为 90～140lm/W。LED 光源节电效率可以达 80%以上，在同样亮度下，耗电量仅为普通白炽灯的 1/10，荧光灯管的 1/2。如果用 LED 照明取代我们目前传统照明的 50%，我国每年节省的电量就相当于一个三峡水电站每年发电量的总和，其节能效益十分可观。目前，世界各国均加紧进行提高 LED 光效方面的研究，随着技术的不断进步，近年来白光 LED 的发展相当迅速，科锐公司于 2014 年 3 月发布了发光效率为 303lm/W 的白光 LED，这个效率超过了以往的 LED 白光技术发光效率的理论极限。

(2)使用寿命长

LED 照明产品是目前世界上最节能、最高效、使用寿命最长的照明产品。传统的白炽灯采用电子光场辐射发光，灯丝发光有易烧、热沉积、光衰减等缺点。而 LED 照明产品体积小、重量轻，采用环氧树脂封装，可承受高强度机械冲击和震动，不易破碎。单从经济的角度来讲，投资购买一只 LED 灯，虽然它的前期投资成本较高，但是一旦投入使用，基本上可以工作一年半的时间左右，节约的电费都可以用来购买一只 LED 照明灯具了。LED 光源平均使用寿命达 10 万小时，可被使用 5～10 年之久，这大大降低了灯具的维护费用，也避免了经常换灯之苦。

(3)安全可靠性强

LED 光源是冷光源，其发热量比传统光源低，无热辐射，可以安全触摸。与传统的荧光灯、高压钠灯相比，LED 光源在制造过程中不含汞、钠元素等可能危害健康的元素，LED 光源避免了荧光灯管破裂而溢出汞的二次污染。

(4)体积小,重量轻

LED 光源为全固体发光体,耐震、耐冲击,不易破碎,废弃物可回收,没有污染。光源体积小,可以随意组合,易开发成轻便、薄短的小型照明产品,也便于安装和维护。LED 光源能设计成任意形状,安装于传统灯具不能安装的场合中。

(5)单色性好

变色 LED 是能变换发光颜色的 LED。变色 LED 发光颜色种类可分为双色 LED、三色 LED 和多色(红、蓝、绿、白 4 种颜色)LED。变色 LED 按引脚数量可分为二端变色 LED、三端变色 LED、四端变色 LED 和六端变色 LED。最初 LED 被用作仪器仪表的指示光源,后来各种光色的 LED 在交通信号灯和大面积显示屏中得到了广泛的应用,产生了很好的经济效益和社会效益。

(6)可调光调色,智能控制

与传统光源相比,LED 由于其独特的工作原理,更容易实现智能控制。LED 的发光强度 IV(或光辐射通量)与它的工作电流 IF 在一定电流范围内呈线性关系,随着 IF 增大,IV 也随之增大。所以,可以通过改变 LED 的 IF,来实现发光强度的变化,从而达到调光的目的。另外,根据色度学原理,将红绿蓝(RGB)三基色混合在一起,在不同的三基色比的组合下,理论上可以获得无数种颜色,因此可以通过点亮和 IF 控制三种发光波长的 LED,实现色彩的调控,从而达到调色的目的。利用 LED 易调光调色的特点,实现智能控制,从而带来健康照明、科学照明,这将是对 LED 照明产业发展最大的带动。

1.5.4　LED 的应用

随着 LED 光源性能的不断提高,LED 已被广泛应用于各个领域。

(1)室内外照明

室内外照明的 LED 灯具产品越来越受到人们的欢迎,常见的有 LED 筒灯、LED 日光灯、LED 吸顶灯、LED 路灯、LED 园林灯等等,LED 光源具有小型、紧凑、使用寿命长等特点,使传统光源无法实现的自由、个性设计成为可能。

(2)显示屏、交通讯号显示光源的应用

由于节能、维护量少的优点,LED 灯正成为替代霓虹灯的新型应用光源,其中最为典型的应用研究是标识字,通过在金属字的槽内装入 LED 模组,或在特殊树脂内封入炮弹型 LED,便可以得到扩散均匀的发光文字标识,从而可以清晰地看到 LED 的显示艺术。目前室外使用的全彩大型图像显示设备几乎使用的都是 LED 产品,它使用三基色 LED,其与阴极射线管、白炽灯、放电管等传统显示方式相比,具有亮度高、耗电低、使用寿命长、显色性好、重量轻、画面及像素构成灵活等优点,全彩显示屏在大型设施、公共设施、广告牌、建筑装饰等领域有着越来越广泛的应用。

交通信号灯主要使用超高亮度的红、绿、黄色 LED,因为采用 LED 信号灯既节能,可靠性又高,所以应用非常广,目前国内交通信号灯基本上都在更新换代中。

(3)汽车工业上的应用

汽车用灯包含内部的仪表板、音响指示器、开关的背光源、阅读灯和外部的刹车灯、尾灯、侧灯以及头灯等,汽车用白炽灯不耐震动冲击、易损坏、使用寿命短,需要经常、更换。早在 20 世纪 80 年代,我国开始在汽车上安装高位刹车灯,因为 LED 灯响应速度快,可以及早提醒驾驶员刹车,减少汽车追尾事件。在发达国家,使用 LED 制造的中央后置高位刹车灯已成为汽车的标准件,美国 HP 公司在 1996 年推出的 LED 汽车尾灯模组可随意组合成各种汽车尾灯。此外在汽车仪表板及其他各种照明部分的光源,都可以用超高亮度发光灯来担当,所以各国汽车工业均在逐步采用 LED 灯。

(4)背光源的应用

LED 背光源以高效侧发光的背光源最为引人注目,LED 作为 LED 背光源的应用,具有使用寿命长、发光效率高、无干扰和性价比高等优点,已被广泛应用于电子手表、手机、电子计算器、刷卡机上,随着电子产品的日趋小型化,LED 背光源更具优势,因此背光源制作技术将向更薄型、低功耗和均匀一致方面发展。LED 是手机的关键器件,一部普通手机需要 10 只 LED

器件，而一部彩屏和带有照相功能的手机约需要 20 只 LED 器件。笔记本电脑也有超薄化的要求，因此可直接使用手机的背光技术，而且随着光源设计自由度的提高与价格的降低，以及光效的大幅提高带来的耗电量的大幅度降低等优越性能的不断显现，笔记本电脑的液晶显示面板将全部使用 LED 背光源。

1.5.5　LED 光源的缺陷

目前市场上常见的白光 LED 都是通过蓝光 LED 芯片激发 YAG 黄色荧光粉产生的，两种光混合互补从而实现白光，这类白光 LED 称为二波长。未来较被看好的是三波长白光 LED，即以无机紫外光晶片加红、蓝、绿三种颜色荧光粉混合产生白光。不管是二波长发光或三波长发光，都需要蓝光，所以蓝光已成为制造白光的关键技术，即当前各大 LED 制造公司追逐的"蓝光技术"。LED 的蓝光问题可以归结为激发光(蓝光)参与了主发光，而激发光的波长又正好是人们视网膜受伤害的波长，蓝光正好处于人眼感光灵敏的最低点。强的蓝光不易感觉，极易损伤视网膜，影响视力健康，尤其对儿童老人的影响更大。

光子的能量与光的颜色对应，在可见光的频谱范围内，蓝光比黄光携带更高的能量，蓝光并不是指蓝色的光，而是指波长为 400～500nm 的高能量可见光。因此，为了得到高色温、高亮度的白光，必然需要保存更多的能量即蓝光。色温，是表征光源光色的尺度，单位为 K(开尔文)。色温越高，光谱中蓝色成分则越多，而红色成分则越少。低色温就是我们通常说的暖色光，反之，偏蓝的冷色光，色温就比较高。一些常用光源的色温为：标准烛光为 1930K；白炽灯为 2760～2900K；荧光灯为 3000K；清晨的阳光大约为 4400K，中午就上升到了 5600K；蓝天为 12000～18000K。由此可见，高色温的白光 LED 蓝光成分更多，也更容易出现蓝光危害。蓝光对人眼造成的危害主要是视网膜蓝光危害，由于短波蓝光具有极高能量，能够穿透晶状体直达视网膜。蓝光照射视网膜会产生自由基，而这些自由基会导致视网膜色素上皮细胞衰亡，上皮细胞的衰亡会导致光敏感细胞缺少养分从而引起视力损伤，而且这些损伤是不可逆的，因此会诱发致盲眼病，对眼睛造成不可逆的伤害，严重威胁我们的眼底健康。

另外，LED 照明产品为了追求高亮度、高光效，往往产生较多的亮白光，而亮白光的照射，极易产生炫光，使人感觉到异常的刺眼。由于短波长光线具有相对较高的能量，当遇到空气中的细小的粒子时，乱射率较高，这是引起眩光的主要原因。

人除了眼睛的视锥细胞和视杆细胞的光敏视网膜细胞会带来明暗视觉外，人脑中有 1% 的神经细胞具有感光性，这些细胞被认为是神经节细胞的一个特殊亚群。2002 年，美国 Brown 大学的 Berson 等人发现了哺乳动物视网膜的第三类感光细胞，它们就是非常稀少的“视网膜特化感光神经节细胞”(ipRGC)，它包含一种新发现的感光蛋白——视黑质。这种感光细胞并不形成视觉，而是连接到视交叉上核(SCN)。这类感光细胞能参与调节许多人体非视觉生物效应，包括人体生命体征的变化、激素的分泌和人体兴奋程度，甚至还有瞳孔的扩张和缩小。研究表明，第三类感光细胞不仅参与调节人体的生物周期节律，同时还会影响人体褪黑激素的分泌，其中褪黑激素水平不仅会影响人们的睡眠质量，还与抑制癌细胞的生长有关。因此，长时间受亮白光照射和夜间照射等都会产生富蓝化效应，造成生物钟的紊乱，进而导致由生物钟调控的内分泌系统出现异常，例如褪黑激素分泌时间发生改变以及分泌总量减少等，均对人体健康带来极大危害。

1.5.6 LED 光源与光辐射

目前 LED 白光大多数由 GaN 芯片的蓝光激发 YAG 荧光粉产生，由于激发波长越低，光子能量越高，因此白光 LED 的光化学作用也越明显。LED 芯片的发光峰值波长为 450～470nm 的蓝光，刚好处于视网膜蓝光光化学损伤的最敏感波段，因此窄光束、高亮度的白光 LED，其对人眼造成蓝光光化学损伤的可能性也高。研究发现，蓝光杀伤人眼活性细胞的能力是绿光的 10 倍，蓝光可能会导致视网膜黄斑部发生病变，且由于这种病变损害是不可修复的，所以蓝光直接导致失明的潜在可能。近年来，为了节约能源，白炽灯逐渐被淘汰，取而代之的是节能的荧光灯和 LED 等新型光源，和相同功率的白炽灯相比，这些新型光源的光谱中，蓝光成分的比例比白炽灯高得多。而且 LED 光源发光面小，单位面积射出的光特别强，正因为这个特点，如果人眼直接看 LED 光源，一旦 LED 光源的蓝光很强的话，很有可能对眼睛带来危害。通过对 LED 光源的研究和检测分析，国内外专家认为 LED 光源由于其设计和生产工艺的问题，往往有可能会产生蓝光危害和富蓝化效应，这是 LED 光源推广为民用产品存在的最大问题，也是 LED 设计者和制造商急需解决的难题。

随着 LED 固态照明的飞速发展，越来越多的人开始关注其光辐射安全性。近几年，国际上对光生物学的研究日益发展，尤其从 2002 年开始，通过对人类第三类感光细胞的认识、光辐射对人体生理节律及内分泌系统的影响等基础研究，人们对人造光源的应用和潜在的问题更加重视。

1.6　照明产品电磁辐射

1.6.1　光辐射

照明产品的主要功能是为人类提供光照明，它与人类生活息息相关，但正如前所述，照明光源不可避免地存在光辐射危险，光辐射对人体组织的伤害主要表现在对人眼和皮肤的伤害，其中眼睛是人体最重要的感光器官，最容易受到外界光辐射的伤害。一方面光辐射对人眼和皮肤造成的危害有：紫外红斑、光致角膜炎、光致结膜炎、白内障、光照性视网膜炎、视网膜灼伤、角膜灼伤、皮肤灼伤、皮肤癌等；另一方面，光辐射还影响植物与其他生物的生长环境，给人类环境的生态平衡及持续发展带来危害。

不同波段的照明产品会产生不同的光辐射危害，紫外波段的产品如紫外杀菌灯、紫外氘灯等有可能存在光化学紫外危害和眼睛的近紫外危害；可见光波段产品如 LED 灯、荧光灯等有可能存在视网膜蓝光危害；红外波段的产品如浴霸灯、金卤灯等有可能存在眼睛的红外辐射危害和皮肤的红外热危害。

LED 照明产品的光辐射危害主要集中在可见光波段，LED 照明产品的发光光谱中有不同比例的紫外线及蓝光谱段，其中处于可见光波段的蓝光会对视网膜色素层产生损伤。

1.6.2 电磁场辐射 EMF

要使照明产品正常工作，除了光源外还需要配套适用的光源控制装置，而光源控制装置往往都由电子线路组成，除了白炽灯这类简单的纯阻性光源不带电子线路可以直接供电使用外，其余照明产品或多或少都涉及了电子线路，因此会对外界产生电磁场辐射。例如，LED 灯是固态半导体光源，属于低压的电子产品，220V 的交流电要经过降压、整流才能够满足 LED 光源的驱动需求，因此必须配套相应的 LED 驱动器才能使 LED 灯正常工作，而 LED 驱动器的使用也必然导致 LED 灯存在电磁场辐射。研究表明，人体长期处于高剂量电磁辐射环境中会产生比较严重的神经衰弱症候群，如头痛、呕吐、头晕乏力等不适，记忆力降低以及一些潜在生物破坏，危害人体健康。为保护曝露其中的人体头部和躯干的中枢神经系统组织，需建立允许人体曝露在照明设备周围空间电磁场的安全评价体系，减少电磁场辐射对人体造成的影响，保证人体的安全和健康。为此，欧盟针对照明产品提出了电磁场辐射的要求，其英文缩写为 EMF。欧洲标准委员会 CEN 于 2010 年 11 月 1 日发布了有关照明设备对人体电磁照射的评定标准 EN 62493：2010，用于涉及人体曝露于电磁场的照明设备安全评估。该评估由照明设备周围 20kHz～10MHz 感应电流密度和 100kHz～300MHz 的特殊吸收比(SAR)组成。EN 62493 标准的适用范围：

(1)用于以照明为目的、具有产生和分配光的基本功能、并打算连接到供电网络或者用电池工作的所有室内和室外照明设备；

(2)一般照明设备指所有工业、住宅、公共场所和街道照明设备；

(3)主要功能之一是照明的多功能设备的照明部分。

其中航空器和机场使用的照明设备，道路机动车辆的照明设备，农用照明设备，船上照明设备，复印机，投影仪照明设备，在其他 IEC 标准中有明确 EMF 要求的各类器具，以及所有照明设备的内置部件不在本标准适用范围之内。

1.6.3 EMF 和 EMC 的区别

随着技术革命的更新和不同波段辐射的新应用不断被发现，电磁辐射的曝露水平已显著增加，生活中的每个人都处在 0～300GHz 频率的复合电磁场曝露中，电磁污染已成为最广泛的环境影响因素之一。电磁场曝露会引起各种健康问题，对人体造成不良影响，主要表现为头晕、呕吐、乏力、失眠、心悸、记忆力减退、神经衰弱，也会增加儿童患白血病的概率，诱发癌症并加速人体的癌细胞增殖，影响生殖系统和视觉系统，严重危害人类健康。

EMF 不同于 EMC 的区别主要是：EMF 以保证人身安全为目的，是研究电子产品发射出的电场、磁场对人体的影响；而 EMC 主要以保障电子产品的正常工作为目的，是为了研究电子产品发射出的电磁噪声对其他电子产品的影响，或者不受其他电子产品的影响。

目前仅欧盟有 EMF 测试要求，其他国家或地区尚无此要求。在欧盟，EMF 和 EMC 遵循的指令和标准也不相同。EMF 被欧盟低电压指令(LVD directive 2006/95/EC)所涵盖，同时需满足指令 1999/519/EC《公众电磁曝露限值(0～300GHz)的建议》规定的辐射限值要求，其对应的测试标准为 EN 62493《人体曝露于电磁场的照明设备的评估》。在进行 CE 认证时，照明产品除需满足安规的要求外，还要符合 EMF 的测试要求；而 EMC 要求遵循欧盟电磁兼容指令 2004/108/EC，对应的测试标准为 EN 55015《电气照明和类似设备的无线电骚扰特性测量方法和限值》、EN 61547《普通照明设备 EMC 抗干扰要求》、EN 61000-3-2《谐波电流发射限值》、EN 61000-3-3《低电压设备的电压波动和闪烁限值》。

第2章 光生物安全法律法规及标准

灯和灯具的光辐射危害越来越多的为人们所重视，其中提出的一个新概念就是“光生物安全”。“光生物安全”可以理解为“光学辐射的安全性”，在一些灯或灯具发出的光谱中，除了可见光外，还有紫外光和红外光，这些光谱对光环境有重要的影响，会产生各种有益人体的生物效应，但人们在使用这些灯或灯具时，过度的光照有可能会对人体产生不同程度的光化学危害和红外辐射热危害。如近期被广泛使用的LED光源，如果生产过程中发光材料工艺不过关会导致紫外光或者蓝光泄漏，LED光源设计尺寸过小、功率过大、光强过高会导致蓝光光谱与视网膜蓝光危害的敏感区域高度重叠，这些因素都极容易对人体皮肤和视网膜产生伤害。目前光辐射被认知有可能导致的危害有：角膜炎、结膜炎、白内障、视网膜灼伤、视网膜蓝光危害、皮肤晒黑、紫外红斑、皮肤老化、皮肤癌等。本章阐述了国内外主要国家和地区有关光生物安全的法律法规和标准，及现阶段法律法规的使用状况、各国间的标准差异等知识，通过详细的分析，以列表的方式进行了概括，以方便该书读者的使用。

2.1 概 述

光生物学(photobiology)系从理论上研究光和生物的相互作用，即以由光和生物物质间表现的微观量子过程到各种生物反应的宏观表现机制等过程为目的而形成的一个生物科学——生物物理学分支领域，包括光遗传学(optogenetics)。光生物学范围很广，大体上可以分4类：第1类是指正常的光生物过程如光合作用、视觉等；第2类是指光辐射如紫外辐射、红外辐射对生物体的损伤效应；第 3 类是与光有关的其他重要的光生物学过程，如光动力作用和光复活作用等；第 4 类是指与光的作用相反的过程，即生物发光现象。

业界专家认为，光生物作用机理主要存在两种形式：一是光化学作用机制，它认为光化学过程是光作用下的化学过程，但是它又不同于一般的化学反应，因为分子吸收光能后有它自己特殊的化学和物理性质。在光生物安全研究领域，我们主要讨论光生物作用的光化学反应，即在光作用下直接产生的光反应，研究表明，影响光化学作用的因素主要有温度和光化学剂量。二是热作用机制，与光化学作用不同，热作用引起的危害由被照射区域的热传递决定，热作用的极限值和曝光时间与有效辐照度没有明显关系，由于周围环境的热传递作用，只有达到一定强度的光辐射才能在短时间内造成热危害，热作用的极限值与曝光区域大小、曝光区域周围的环境温度有关。

光生物安全研究的是光辐射与生物机体的光化学作用和热作用。由于短波区域的光子能量高，光化学主要在短波区域起作用，而热作用则在长波区域占主导地位。在光化学作用中，细胞分子中的电子吸收一些特定波长的光子后会激发电子跃迁，从而导致该区域的化学键断裂和重组，进而对 DNA 产生影响。热反应的机理则是某些部位吸收了光，使得局部温度上升，导致蛋白质变性或细胞热损伤。光化学作用和热作用的不同在于，低强度的热辐射导致的热反应会随着热从被照射部位传导至其他部位而减低，而光化学反应取决于剂量，低强度长期照射与高强度短期照射造成的伤害是一样的。

专家和学者对各波段光辐射对人体的机理可能造成的破坏和伤害开展了仔细的研究和统计分析，总结了不同波段光辐射能量的摄入对人体皮肤和眼睛的生理影响，详见表 2-1。

由于空气对 200nm 以下的光具有强烈的吸收作用，而且 3000nm 以上的光辐射能量较低，对人体的影响几乎可以忽略，因此在光生物安全领域，专家把光辐射的研究范围定在 200～3000nm，所有的结论仅限于此范围，其他波段的光辐射不在此中。

表 2-1 不同波段光辐射的人体生物效应

波长范围(nm)	危害类别	光源和灯具举例	生物效应	
			眼睛	皮肤
200～400	皮肤和眼睛的光化学紫外危害	紫外杀菌灯、灭蚊灯、低压汞灯、日光浴灯等	角膜:光致角膜炎;结膜:结膜炎;晶状体:白内障	红斑弹性组织变性
315～400	眼睛的近紫外危害	金卤灯、紫外杀菌灯、灭蚊灯、低压汞灯、日光浴灯等	晶状体:白内障	—
300～700	视网膜蓝光危害	金卤灯、LED灯、荧光灯等	视网膜:光照性视网膜炎	—
300～700	视网膜蓝光危害(小光源)	LED灯等	视网膜:光照性视网膜炎	—
380～1400	视网膜热危害	金卤灯、浴霸灯等	视网膜:视网膜灼伤	—
780～1400	视网膜热危害(微弱视觉刺激)	浴霸灯等	视网膜:视网膜灼伤	—
780～3000	眼睛的红外辐射危害	金卤灯、浴霸灯等	角膜:角膜灼伤;晶状体:白内障	—
380～3000	皮肤热危害	金卤灯、浴霸灯、远红外加热器等	—	皮肤灼伤

光生物安全作为一个新的研究领域，旨在对光源和照明系统对人体的危害、限定值、可接受的危害距离，以及光生物安全量的检测技术、方法、环境和设备等全过程开展研究，制定出合理的检测标准、光辐射危害的评估方法，为生产厂商和政府监管部门提供生物学危害的判定和执行依据，为照明器具消费者提供安全用光指导。

2.2 国内外研究机构的工作

2.2.1 国际非电离辐射防护委员会(ICNIRP)

ICNIRP 制定了非相干光源和激光辐射曝辐限值的相关导则，不管是激光或者是非相干光，其光辐射安全基础都来自于 ICNIRP 的相关导则。导则中包括了基础的危害加权函数、测量参数、辐射时间等具体参数，该类导则是随着实验成果的积累而不断更新的，因此能更好地符合光辐射安全要求。ICNIRP 建议对于 LED 的安全评估及相应测试遵循非相干光源的导则。目前，世界各国虽然基本形成了自己的光生物安全标准，但主要内容基本相同，特别是标准所采用的曝辐限值都是跟随 ICNIRP 导则。

ICNIRP 发布的与非相干光源有关的辐射曝露导则：

(1)波长 180nm～1000μm 激光辐射曝辐限值的导则。

(2)非相干可见光和红外辐射曝辐限值的导则。

(3)波长 180～400nm 紫外辐射曝辐限值的导则(非相干光辐射)。

(4)波长 400nm～1.4μm 激光辐射曝辐限值的导则(修订版)。

(5)宽光谱非相干光辐射曝辐限值的导则(0.38～3μm)。

(6)紫外辐射曝辐限值的导则。

2.2.2 国际照明委员会(CIE)

2002 年国际照明委员会制定了 CIE S 009/E:2002《灯和灯系统的光生物安全性》，对 200～3000nm 波长范围内的光辐射进行危害评估和控制。该标准适用于所有包括 LED 灯、白炽灯、荧光灯、气体放电灯、电弧灯等类型的光源以及使用这些光源的灯具，但不包括激光产品。该标准的评估基础基于 ICNIRP 的非相干光源的导则。在 CIE S 009 / E:2002 标准中，灯和灯系统被划分为豁免、1 类危险(低危险)、2 类危险(中度危险)、3 类危险(高危险)。不同波段光生物危害的发射限如表 2-2 所示：

表 2-2 光生物危害的发射限

危险	光化光谱	符号	单位	发射限		
				豁免	低危险	中度危险
				限值	限值	限值
光化紫外	$S_{UV}(\lambda)$	E_s	W/m^2	0.001	0.003	0.03
近紫外		E_{UVA}	W/m^2	10	33	100
蓝光	$B(\lambda)$	L_B	$W/(m^2 \cdot sr)$	100	10000	4000000
蓝光小光源	$B(\lambda)$	E_B	W/m^2	0.01	1.0	400
视网膜热危害	$R(\lambda)$	L_R	$W/(m^2 \cdot sr)$	$28000/\alpha$	$28000/\alpha$	$71000/\alpha$
视网膜的热的微弱的视觉刺激	$R(\lambda)$	L_{IR}	$W/(m^2 \cdot sr)$	$6000/\alpha$	$6000/\alpha$	$6000/\alpha$
对眼睛的红外辐射		E_{IR}	W/m^2	100	570	3200

即通过对以上危害分别测量光化紫外辐照度、近紫外辐照度、蓝光辐亮度、蓝光小光源辐照度、视网膜热危害辐亮度、视网膜的热的微弱的视觉刺激辐亮度、眼睛的红外辐射辐照度，按照各类曝辐限值要求进行四种危害等级的评定。

2.2.3 国际电工委员会(IEC)

1993 年，国际电工委员会将 LED 光源和产品列入 IEC 60825-1:1993 标准范围，即用激光评价体系对 LED 产品进行考核。2006 年 IEC 发布了非激光的光辐射安全标准 IEC 62471:2006，规定了非相干光源的光生物安全要求。由于 IEC 60825 标准是针对单一波长的光进行能量测试计算，而 LED 的发光光谱实际上是宽波段光谱，业界专家认为并不适合采用激光的辐射安全分类方法对其进行评价，因此在 2007 年 IEC 60825-1 第二版标准发布时，不再包含 LED 产品。在 2008 年 10 月召开的 IEC/TC 76 会议上，正式决定将所有 LED 产品及应用系统的光辐射安全纳入非激光类产品标准 IEC 62471 系列标准范围内。IEC 62471:2006 规定了在 200～3000nm 波长范围的光学辐射的光生物危害的评估和控制，并且对曝辐限值参考测量技术和分级计划进行了明确规定。将灯和灯系统的光生物危害分类为

4 类，即豁免、1 类危险（低危险）、2 类危险（中度危险）、3 类危险（高危险），通过对各类危害分别测量其相应的辐照度或辐亮度量值，从而按照各类曝辐限值以 4 种危害等级的要求进行评定，其发射限与 CIE S 009/E:2002 一致。2009 年，IEC 又发布了 IEC/TR 62471-2:2009《灯和灯系统的光生物安全第二部分：非激光光辐射安全的制造导则》，规定了适用光辐射安全评估的危险等级以及如何符合 IEC 62471 的灯和灯系统制造导则和安全量测量。该技术报告提出了按照不同场合的需要选用不同危害等级的灯，它在对 IEC 62471 测试条件补充的同时，明确了制造商如何评估危害等级，规定了光源制造商与灯具制造商之间危险等级的采用条件，以及对灯具辐射安全标签的要求。除了豁免级和仅在 300～780nm 波段为 1 类危险外的其他分类，应在产品上标记危险等级，并加标 IEC 60417-1 规定的警告标记，说明书内增加附加信息。

2012 年，IEC 发布了 IEC/TR 62778:2012《IEC 62471 中关于光源和灯具的蓝光危害评估的应用》，它针对 IEC 62471:2006 标准的第 4.3.3 条和第 4.3.4 条所描述的视网膜蓝光危害的技术报告，提出了危害距离的概念，并拓展了 IEC 62471 的单一分类要求，对在 IEC 62471 测量分类基础上的 1 类危险等级以上产品规定了危害距离的测量和计算方法，为光生物危害评估实现了应用要求。

IEC 60598-1:2014《灯具第一部分：一般要求与试验》作为最新版的灯具通用标准，在 2008 版的基础上增加了第 3.2.23 条款——危害距离的要求：根据 IEC/TR 62778 分类为具有一个阈值照度 E_{thr} 的可移式和手持式灯具，应标识"不要注视亮着的光源"的符号，这个要求只适用于达到该 E_{thr} 时与灯具间的距离超过 200mm 的情况；根据 IEC/TR 62778 分类为具有一个阈值照度 E_{thr} 的固定式灯具，当 X_m 是出现 E_{thr} 条件的距离，那么随灯具一起提供的制造商的说明书中应提供下述文字，"灯具应安装在不预期以小于 X_m 的距离长时间盯着灯具看的位置。"这个要求只适用于达到该 E_{thr} 时与灯具间的距离超过 200mm 的情况。其中 X_m 是光源与观察者眼睛之间的距离 d_{thr}，而且它是根据灯具照明分布测量的计算得到的。

另外，灯具含有根据 IEC/TR 62778 分类为具有 E_{thr} 条件的光源，而且该光源在灯具维护期间可以直接看到的，应标记“不要注视亮着的光源”的符号，这个标记的可见性应按 IEC 60598-1:2014 的第 3.2 条的情况“a”和表 3.1 的规定。

IEC 60598-1:2014《灯具第一部分：一般要求与试验》第 4.24.1 条款修订了紫外线辐射的内容，规定设计成使用卤钨灯光源和金卤灯光源的灯具时不应发出过多的紫外线。对于一些发射高辐射量的金卤灯光源，附录 P 描述了对灯具提供足够的紫外线辐射防护的方法。

IEC 60598-1:2014《灯具第一部分：一般要求与试验》增加了第 4.24.2 条款——视网膜蓝光危害的内容，规定不预期使用蓝光危害类别大于 RG2 的 LED 光源。对按照 IEC/TR 62778 评估为具有阈值照度 E_{thr} 的灯具，按规定进行标记：

(1)对于固定式灯具，要按 IEC/TR 62778 进行附加的评估来找到灯具和 RG2 与 RG1 间边界的距离 X_m。灯具应进行标记并按本标准 3.2.23 的要求进行说明。

(2)在 200mm 处按 IEC/TR 62778 评估为超过 RG1 的可移式和手持式灯具，要按照 IEC 60598-1:2014 第 3.2.23 条的规定标记。

GB 7000.4 覆盖的儿童用可移式灯具，以及 GB 7000.212 覆盖的电源插座夜灯，按 IEC/TR 62778 规定在 200mm 处不应超过 RG1。

IEC 60968:2012《普通照明用自镇流荧光灯安全要求》在前一版的基础上增加了第 14 章紫外辐射的内容，规定普通灯的紫外辐射不超过 2mW/klm，反射型灯不超过 2mW/(m^2 · klx)。最新版 IEC60968:2015《普通照明用自镇流荧光灯安全要求》中第 16 章增加了光生物安全要求。

IEC 62560:2011+A1:2015《普通照明用 50V 以上自镇流 LED 灯安全要求》标准在最新发布的 A1:2015 增补件中也加入了光生物安全章节。

可见，IEC 在光生物安全的相关标准上进行了系统研究和规范，除了 IEC 62471 这一关于完整波段的光生物安全要求标准外，对涉及的一些相关产品标准也规定了适用波段的光生物危害内容和要求。

IECEE 已经明确规定，对自镇流 LED 灯和 LED 照明产品进行 CB 认证检测时，必须遵守 IECEECTL DSH0812 决议的要求，同时涵盖 IEC 62471 和 IEC/TR 62471-2 光生物安全性检测。

决议 DSH0812 的具体要求有两项内容：

(1)应使用 IEC/EN 62471 来评估 LED 产品的光辐射危害，在等待今后产品标准（光源、灯具或其他）修改的同时，所有要求，包括 IEC/TR 62471-2 要求的标记都应考核。

(2)相关的测试报告应由有资质的实验室发布，以此表明灯具的辐射不超过 IEC/EN 62471 中豁免级、1 类危害或 2 类危害的限值。

2.2.4 北美照明学会(IESNA)、美国国家标准组织(ANSI)

早在 1996 年，IESNA 和 ANSI 就在光辐射安全的检测中先行一步，出版了《灯和灯系统光生物安全实施规程》，该规程包括一般要求、测量技术、灯危险等级分类和标签等，随后又陆续出版了第 2 版的实施规程。该规程适用于波长范围在 200～3000nm 的所有灯和灯系统辐射安全的评价，但不包括用在光纤通信系统中的 LED 和激光。其限值源于美国政府工业卫生协会推荐的临界值限定以及国际非电离辐射防护委员会的相关导则。《灯和灯系统光生物安全实施规程》内容见表 2-3。

表 2-3 美国灯和灯系统光生物安全实施规程内容

序 号	规程号	规程名称
1	ANSI/IESNA RP-27.1	灯和灯系统的光生物安全实施规程 一般要求
2	ANSI/IESNA RP-27.2	灯和灯系统的光生物安全实施规程 测量技术
3	ANSI/IESNA RP-27.3	灯和灯系统的光生物安全实施规程 危害等级分类和标签

2.2.5 中国相关标准化工作

以上国际机构所发布的光生物安全标准基本构成了国际主要光生物安全评价体系，中国、欧盟、日本等国家和地区都等同采用了 CIE S 009/E:

2002 或 IEC 62471:2006 的要求。

我国照明领域标准化工作主要由不同领域的标准化委员会、标准工作组根据不同研究领域分别开展工作，包括标准的起草和制定。

(1)TC224 全国照明电器标准化技术委员会

TC224 全国照明电器标准化技术委员会成立于 1997 年，是国际电工委员会 IEC TC34 国际电工委员会灯和相关设备的标准化技术委员会的国内技术归口单位，下设两个分委员会，分别负责电光源及其附件和灯具方面的标准化工作。TC224 的前身是全国电光源标准化中心，秘书处设在北京电光源研究所，标委会的业务工作直接受国家质检总局和国家轻工业局的领导和管理。标委会的主要任务是制定照明电器行业的国家标准、行业标准；制定、修订标准的计划并负责落实实施；研究和提出照明电器行业的 IEC 标准草案、修改意见和参加表决；承担照明电器专业国家、行业标准的宣讲、解释及技术咨询等相关工作。如 GB 24906《普通照明用 50V 以上自镇流 LED 灯安全要求》、GB/T 20145《灯与灯系统光生物安全性》等。

(2)TC223 全国交通工程设施（公路）标准化技术委员会

全国交通工程设施（公路）标准化技术委员会 1996 年成立，主要由交通部（现交通运输部）、公安部、邮电部（现信息产业部）、化工部等单位组成，委员会秘书处设在交通部公路科学研究所交通工程室，是 ISO/TC 204 国内技术归口单位，主要任务是承担公路交通安全设施及监控系统、通信系统、收费系统等设施的标准化工作，由于近年来 LED 产业的大力发展，以及 LED 产品在交通信息导向、警示、标志等交通工程中的广泛应用，TC223 开始开展 LED 产品在交通领域应用的标准化工作。如 GB 23826《高速公路 LED 可变限速标志》、GB/T 23828《高速公路 LED 可变信息标志》等标准的制定、起草等。

(3)TC229 全国稀土标准化技术委员会

全国稀土标准化技术委员会主要负责全国稀土矿、稀土冶炼产品、加工产品和应用产品等专业领域的标准化工作，秘书处设在中国有色金属工业标准计量质量研究所。TC229 目前已制定了多项包括 LED 用荧光粉性能规范、试验方法标准。如 GB/T 24982《白光 LED 灯用稀土黄色荧光粉》、GB/T 23595《白光 LED 灯用稀土黄色荧光粉试验方法》等系列标准。

(4)TC203 全国半导体设备和材料标准化技术委员会

全国半导体设备和材料标准化技术委员会是在国家标准化管理委员会和工业和信息化部的共同领导下，从事全国半导体设备和材料技术领域标准化工作的组织，国际上对口 SEMI 国际半导体设备和材料协会，秘书处设在中国电子技术标准化研究院。标委会下设 5 个分技术委员会和 6 个工作组，工作范围涉及半导体材料、光伏材料、平板显示材料、LED 照明材料、电子化学品、电子封装材料、电子工业用气体、微光刻、设备等领域。已完成的标准有 GB/T 30854《LED 发光用氮化镓基外延片》等。

(5)工业和信息化部半导体照明技术标准工作组

原信息产业部于 2005 年组织成立了半导体照明技术标准工作组，专门负责半导体照明产业链中材料、芯片、二极管及模块的测试方法、术语、可靠性试验等领域的相关标准制定。

根据产业的需求，工作组开展了大量标准的研究与制定工作，目前已完成的有 SJ/T 11393《半导体光电子器件　功率发光二极管空白详细规范》和 SJ/T 11394《半导体发光二极管测试方法》等数十项标准。

2.3　光生物安全标准

从光生物安全标准发展的历史来看，过去对于光辐射危害的评价并没有详细的测量评估体系，传统的测试方法仅是评估光谱中所包含的紫外光或不可见光的量值。

举 LED 光辐射要求的例子，在 LED 照明刚出现的一段时间里，由于 IEC/EN 60825-1《激光产品的安全　第 1 部分：设备分类和要求》第一版将 LED 列入标准范围内，因此 LED 检测认证均按该标准执行光辐射相关的检测。这一评估方法将 LED 与激光这类相干光一样，测试波长在 180～1000nm 的峰值辐射功率对其进行评估。IEC/EN 60825-1 有 400nm 和

600nm 的双重限制(热能和光化学方面),在低于 400nm 的较短波长下,大量的 UV 光线都被角膜和(或)晶状体吸收,进而会对其产生损伤。IEC/EN 60825-1 根据 LED 的可达发射极限(AEL)进行分级,这些级别用于表示 LED 光线的危险程度,1 级是安全的,大多数 LED 产品采用该方法都被评定为 1 级,或者无需定级。LED 产品如果在运行、维护、服务失效的所有条件下,其光线危险程度都不超出 1 级范围,则可以不受 IEC/EN 60825-1 限制。

但是,从 LED 的发光机理来说,它所产生的光为非相干光,因此用激光产品的分类要求来评估 LED 显然并不合适。国际非电离辐射防护委员会(ICNIRP)根据对生物物理数据的评估提供推荐曝辐限值,出版了非相干光源和激光的光辐射安全方面的指导方针。对于 LED 各方面的问题,ICNIRP建议遵循非相干光源的指导方针。

负责全球 LED 相关事务的国际标准化代表性组织主要为国际照明委员会(CIE)和国际电工委员会(IEC)。2002 年国际照明委员会制定了 CIE S 009/E:2002《灯和灯系统的光生物安全性》,将 LED 产品纳入该标准范围内,这一标准的发布为所有非相干宽带电光源在 200～3000nm 波长范围内的光学辐射的光生物安全建立了评估控制体系,对曝辐射限值参考测量技术和分级计划进行了明确的规定,解决了除激光外的灯和灯系统的光生物安全评估问题。2006 年 IEC 和中国相继发布了 IEC 62471:2006《灯和灯系统的光生物安全性》和 GB/T 20145-2006《灯和灯系统的光生物安全性》,两个标准等同采用了 CIE S 009/E:2002 标准内容。2007 年 IEC 60825-1 第二版标准发布,不再包含 LED 产品。2008 年 10 月召开的 IEC/TC 76 会议上,正式决定将所有 LED 产品及应用系统的光辐射安全纳入非激光类产品标准 IEC 62471 系列标准范围。2008 年 IEC 决定起草 IEC 62471 系列标准,将光生物安全标准形成垂直框架体系,目前已经发布的有 IEC/TR 62471-2:2009《灯和灯系统的光生物安全性　第 2 部分:有关非激光光学辐射安全的制造要求导则》技术报告,该报告规定了制造商或者使用者根据测得样品的危害等级,按照不同场合的需要选用不同危害等级的灯,它在对 IEC 62471 测试条件补充的同时,明确了制造商如何评估危害等级,规定了光源制造商与灯具制造商之间危险等级的采用条件，以及对灯具辐射安全标签的要求。至此，灯和灯系统，特别是 LED 照明产品的光生物安全评估体系逐步形成。

2.3.1　光生物安全标准体系架构

IEC 62471 自 2006 年发布至今，已广泛被各国及各地区采用，用于评估灯和灯系统的光生物安全危害等级。除上述标准外，作为对 IEC 62471 使用的一种补充文件，IEC 又起草了 IEC/TR 62778：2012《IEC 62471 中关于光源和灯具的蓝光危害评估的应用》，另外 IEC/TC 76 光辐射安全和激光设备技术委员会也正在着手进行 IEC 62471 第 4 部分的标准化研究工作，目前已形成 IEC 62471-4/CD：2010《灯和灯系统的光生物安全性—第 4 部分：测量方法》草案，相信该标准的颁布使用将对规范灯和灯系统的光生物安全检测和评判有着深远的意义。

2.3.1.1　IEC/EN 62471

IEC/EN 62471 是光生物安全框架体系的主体标准，该标准对评估灯和灯系统，包括各种灯具的光生物安全性给予指导。该标准对于所有非相干宽带电光源，也包括发光二极管（LED）但不包括激光，在 200～3000nm 波长范围的光学辐射的光生物危害给予了评估和控制，并且对曝辐射限值参考测量技术和分级计划进行了明确规定。IEC/EN 62471 的标准内容包括各种辐射危害曝辐限值、灯和灯系统的测量和灯分类。IEC/EN 62471 主要是对宽波段的光进行测量，并综合人眼及皮肤对光反应的时间、角度、敏感度等方面进行计算。

IEC/EN 62471 中，有关光辐射能量对人体的伤害是以目前生态与病理的发生机理与波长、伤害阈值等方面已明确了的 8 种伤害为对象的，并对其进行的定量分析。但是可以预见，肯定还存在其他暂时还未被人类了解的伤害。除这 8 种之外的伤害，在将来被人类进一步明确和了解后，也将会被加入标准中。同时就光生物安全性的评价对象，经 IEC 和 CIE 共同审查决定，水晶体摘除即无水晶体的这类人的视网膜伤害虽也重要，但不在此标准考虑范围内。IEC/EN 62471 标准的主要内容：

(1)适用范围

该标准适用的产品范围为除激光以外的所有灯和灯系统。IEC 标准的测试波长范围为 200～3000nm 内的光学辐射，EN 标准的测试波长范围为 180～3000nm 内的光学辐射。

(2)灯和灯系统的测量

该标准规定了对于灯和灯系统的测量条件，包括测试环境、操作、外界辐射，也对测量的两个量值——辐亮度和辐照度的测量方法进行了分析和阐述。并规定对普通照明灯危害值应在产生 500lx 照度的距离下进行，但这个距离不应小于 200mm；对其余光源，包括脉冲灯，危害值在 200mm 距离下进行测量。

(3)灯的分类和危害组别

按照危害的生物效应将灯分为连续灯和脉冲灯两类进行危害组别分类。

(4)结果的判断

对于连续灯共有 4 个组别，即无危害(豁免)、1 类危险(低危险)、2 类危险(中度危险)、3 类危险(高危险)。

对于脉冲灯共有三个组别，即超过辐射限值的按照 3 类危险，没超过辐射限值的单脉冲灯按照无危险，没超过辐射限值的多脉冲灯按照连续灯分类方法进行判定。

2.3.1.2 IEC/TR 62471-2

IEC/TR 62471-2 规定了适用光辐射安全评估的危险等级、如何符合 IEC 62471 的灯和灯系统制造导则和安全量测量。提出了按照不同场合的需要选用不同危害等级的灯，它在对 IEC 62471 测试条件补充的同时，明确了制造商如何评估危害等级，规定了光源制造商与灯具制造商之间危险等级的采用条件，以及对灯具辐射安全标签的要求。除了豁免级和仅在 300～780nm波段为 1 类危险外的其他分类，应在产品上标记危险等级，并加标 IEC 60417-1 规定的警告标记，说明书内增加附加信息。具体内容详见表 2-4、表 2-5 和表 2-6。

表 2-4　相关危害组别标记要求

危　害	豁免	1 类危险	2 类危险	3 类危险
紫外危害 200～400nm	无要求	注意：该产品发射紫外线	小心：该产品发射紫外线	警告：该产品发射紫外线
视网膜蓝光危害 300～400nm	无要求	无要求	小心：该产品可能发射有害的光辐射	警告：该产品可能发射有害的光辐射
视网膜蓝光危害或热危害 400～780nm	无要求	无要求	小心：该产品可能发射有害的光辐射	警告：该产品可能发射有害的光辐射
眼角膜/晶状体红外危害 780～3000nm	无要求	注意：该产品发射红外线	小心：该产品发射红外线	警告：该产品发射红外线
视网膜热危害，微弱视觉刺激 780～1400nm	无要求	注意：该产品发射红外线	小心：该产品发射红外线	警告：该产品发射红外线

表 2-5　标记信息解释和控制措施指导

危　害	豁免	1 类危险	2 类危险	3 类危险
紫外危害 200～400nm	无要求	应最大限度地减少对眼睛和皮肤的照射。请使用适当的防护器具	照射到眼睛或皮肤会产生刺激。请使用适当的防护器具	避免未防护产品对眼睛和皮肤的照射
视网膜蓝光危害 300～400nm	无要求	无要求	请勿注视正在工作的灯。可能对眼睛产生伤害	请勿注视正在工作的灯。可能对眼睛产生伤害

续 表

危 害	豁免	1类危险	2类危险	3类危险
视网膜蓝光危害或热危害 400～780nm	无要求	无要求	请勿注视正在工作的灯。可能对眼睛产生伤害	请勿注视正在工作的灯。可能对眼睛产生伤害
眼角膜/晶状体红外危害 780～3000nm	无要求	请使用适当的防护器具或眼罩	避免对眼睛的照射。请使用适当的防护器具或眼罩	避免对眼睛的照射。请使用适当的防护器具或眼罩
视网膜热危害，微弱视觉刺激 780～1400nm	无要求	请勿注视正在工作的灯	请勿注视正在工作的灯	请勿注视正在工作的灯

表 2-6 特定条件下观测者最大可接受危害组别

灯系统危害组别	适用特定条件下评估的危害组别——观测者涉及的危害		
	无意识短时	有意识短时	有意识(或可能)长时
豁免	豁免	豁免	豁免
1类危险	1类危险	1类危险	豁免——通过限制距离或控制路径来限制曝露
2类危险	2类危险	1类危险——通过限制距离或/和曝露持续时间或使产品用于限定位置来限制曝露	豁免——通过限制距离或控制路径来限制曝露
3类危险	2类危险——通过限制距离或使产品用于限定位置来限制曝露	1类危险——通过限制距离或/和曝露持续时间或使产品用于限定位置来限制曝露	豁免——通过限制距离或控制路径来限制曝露

2.3.1.3 IEC 62471-4

IEC/TC 76 光辐射安全和激光设备技术委员会目前正组织专家着手进行 IEC 62471 第 4 部分测量方法的标准研究，已形成 IEC 62471-4/CD：2010《灯和灯系统的光生物安全性　第 4 部分：测量方法》草案。该标准的主要召集人为浙江大学的牟同升教授，标准主要对其适用范围、测量条件、环境条件、测量方法、测量设备、结果报告等诸多容易产生混淆、理解上有歧义的内容进行了重新定义和规定，进一步规范了照明设备产品光生物安全的测量方法和要求，对整个光生物安全标准体系的内容是一个非常重要的补充。

2.3.1.4　IEC/TR 62778

IEC/TR 62778 是仅针对 IEC 62471：2006 标准的第4.3.3条和第4.3.4条所描述的视网膜蓝光危害的技术报告。虽然 IEC 62471 规定普通照明光源在 500lx 进行测量，但 500lx 并不必然代表适宜的光照度，实际照明水平通常会高于或低于 500lx。因此 IEC/TR 62778 推荐在 200mm、0.011rad测量来确定适宜的 RG1/2 的边界条件。IEC/TR 62778 主要关注两个事项：

(1)基于光源元件将其转换成一个较高水准照明产品的光生物安全的信息；

(2)推荐测量距离和危害组分类。经过光谱计算和光度考虑，这些推荐建立在分析与蓝光危害相关量的基础上。

该标准主体框架内容为：

(1)LED 封装、LED 模块、灯和灯具的不同应用

在照明商业中，基于组合的水平存在不同层次产品。不同组合水平的产品往往由不同的制造商制造。为了尽可能避免每次在下个水平的重复评价，需要将光生物安全的信息通过生产链往下传。由于每下个水平一般都伴随着产品变化的急剧增加，所以这特别需要。

在 LED 技术之前，所有照明技术存在两个水平：灯和灯具。灯是初级照明光源，利用开放的机械和电气接口的行业标准，灯放置于灯具内。灯具被设计于打算使用某一类型的灯泡，但由于接口标准是开放的，灯具的最终用户有可能用另一种类型的灯泡替换这个灯，只要它符合相同的接口标准。

对于 LED 技术，情况更加多样化。存在一种产品水平链，为了方便，工业界对它们进行下述编号：

水平 0:LED 芯片。

水平 1:LED 封装,允许清洁的室内环境以外焊接和处理。对于白光 LED 封装,内部含有将芯片的蓝色光转换成其他波长产生白光的荧光粉材料。

水平 2:基础 LED 模块,包括在印刷线路板上的一个或多个 LED 封装。

水平 3:有扩展功能的 LED 模块,通常由一个带有允许机械安装、电气连接或光度作用的附加特性的水平 2 的板组成。实际呈现的附加特性取决于产品类型,并且可能包括一些或所有 LED 模块工作所需要的电子控制装置。

水平 4:灯具,应用中使用的 LED 产品。

不是所有的产品都存在所有水平。

通常,水平 4 产品中的低水平 LED 模块和 LED 封装未设计成是最终用户容易替换的,不同水平的接口很少以开放的工业标准为基础。

LED 替换灯是一个特例,它们是销售给开放市场的 LED 产品,设计用于之前存在的灯技术的开放接口标准。它们将作为灯具最初设计的灯的替代,被最终用户装入灯具中。

(2)测量信息流

蓝光危害信息可以往下传递,从一个水平传递到下一水平产品的基础是:

——亮度守恒定律。

——IEC/TR 62778 第 5 章的说明。

如果初级光源的亮度(或辐亮度)已知,也就提供了含有这些光源所有照明产品的上限值。它包括光通量守恒和集光率守恒两个基础守恒定律。增加辐亮度就意味着要提高光通量或降低集光率,而这都是基础守恒定律禁止的。对于一个被动的光度系统,光通量不增加是容易解释的,但不可能降低集光率就不那么容易理解了。但不管怎样,降低集光率是集光率守恒定律禁止的,如再进行深入调查,其根本原因类似于“热力学第二定律”。

使用亮度守恒定律时，信息流的最佳始点是辐亮度测量。在没有附加测量要求的情况下，只要光源在灯具内的工作条件与作为单独元件测试时的条件相似，辐亮度值可以沿着传递链从初级光源传递到灯具。

当要对灯具进行减少的辐亮度的光度测量（如一个漫反射罩和/或在较低电流下工作）时，可以用附加的测量来验证减小的辐亮度值。如果没有进行该测量，初始亮度值保持了始终安全的最差估计。

如果初始光源的亮度测量得到的 L_B 值在 RG0（0W/(m^2 · sr）到 100W/(m^2 · sr)）或 RG1(100W/(m^2 · sr)到 10000W/(m^2 · sr)）的区域，它不可能达到 RG2。不考虑光度系统的类型（包括产生方向性光输出的光束修改光度系统）和应用时的观察距离，该信息可以传递到基于该初级光源的所有产品。

如果初始光源的亮度测量得到的 L_B 值在 RG2(10000W/(m^2 · sr)到 4000000W/(m^2 · sr)）的区域，根据应用的情况，其最终产品可能在 RG2 内。为了找出这种情况，要使用 IEC/TR 62778 的判定。

初级光源辐亮度测量会提供 3 种结果：

1）RG0 无限制：在所有灯具的所有距离，初级光源最高产生了 RG0；

2）RG1 无限制：在所有灯具的所有距离，初级光源最高产生了 RG1；

3）RG2 的 E_{thr}：在某距离时初级光源产生了 RG2，此处含有初级光源的灯具产生的照度高于 E_{thr}；在某距离时初级光源产生了 RG1，在此处含有初级光源的灯具产生的照度低于 E_{thr}。

如果产生了第 3 种结果，危险组别取决于使用条件：在人很可能注视灯具的最小距离，照度是否高于或低于 E_{thr} 值。这个距离取决于灯具的光度并可能因此不是来自于灯具的初级光源。如果来自灯具光学器件的光分布的峰值角度已知，大小和方向的值是可以计算的。对于很多光束造型光度系统，光分布是已知的，因为光分布是专业照明设计需要的。

(3)危害组别分类

IEC/TR 62778 标准是一种有意义的实现方式，在如何评估危害和划分危害组别的条件下，测量条件应有明显的区别。建议初级光源在短距离下进行真正的辐射测量，危害组别分类仍取决于实际使用条件。由于不同应用之间有区别，无论它们与平行标准 IEC 62471 规定的评估条件是否不同(普通照明光源在 500lx，其他和未知的应用在 200mm)，都建议在相关的产品安全标准中定义评估条件。

2.4 照明产品光辐射危害和限值

2.4.1 光辐射对人体的危害

光生物安全评价标准的曝辐限值适用于连续照射源，辐射持续时间不少于 0.01ms，不大于 8 小时，通过设定辐射限值对应的特定危害，来衡量光辐射对眼睛前侧部分(角膜、结膜与晶状体)、视网膜和皮肤的潜在损害。该曝辐限值还应该被用作辐射控制的导则。光辐射对人眼和皮肤造成的危害主要有：紫外红斑、光致角膜炎、光致结膜炎、白内障、光照视性网膜炎、视网膜灼伤、角膜灼伤、皮肤灼伤、皮肤癌等，眼睛前侧部分的危害主要涉及眼睛的光化学危害、眼睛近紫外危害和眼睛红外危害。视网膜危害主要涉及视网膜蓝光危害和视网膜热危害。皮肤危害主要涉及皮肤的光化学危害和皮肤热危害。

不同的危害来源于不同波长段的光辐射对人眼或皮肤造成伤害机理不同，因此对于不同的人体组织会产生不同的伤害结果。

2.4.1.1 紫外辐射

紫外辐射主要指波长从 100～400nm 的非电离辐射。紫外辐射对任一特定肌体组织的影响取决于辐射波长和辐射量。辐射量为辐照度和曝露时间的乘积。

(1)直接伤害

皮肤通常是最容易吸收紫外辐射的组织，易导致红斑、晒黑或者色素沉积。在夏天正午的太阳下有些人哪怕只是晒 12min 都会起红斑，尽管出现红斑一般要在 2～12h 后，曝露 6h 后的红斑最多。更加严重的曝露会导致疼痛，伴随着红斑扩大、脱皮或者起泡。皮肤经常性曝露在紫外辐射下，会导致皮肤老化并且最终导致皮肤癌。

在 295nm 波长下皮肤起红斑的平均辐射曝露量大约是 $120J/m^2$ 到 $150J/m^2$。阳光在头顶直晒的时候，大概持续 12～15min 就会起红斑。

皮肤的剧烈反应在波长小于 300nm 时最敏感。与波长 270nm 时红斑反应最严重的情况相比，要造成同样的影响，需要 60 倍波长 310nm 的辐射能量，2000 倍波长 325nm 的辐射能量。

皮肤中已有的色素曝露于紫外辐射的时候几乎立刻沉积，其主要发生在曝露于 UVA 辐射的时候。新的色素主要由 UVB 激发生成，但是直到曝露辐射后几天才显现出来。UVC 导致皮肤变红，但是不会像 UVB 那样疼痛和变黑。虽然 UVC 不像 UVB 那样让皮肤变黑，但是一样会使得皮肤老化并致皮肤癌。

曝露于 UVB 和 UVC 时，通常眼睛比皮肤更敏感，同样在一段若干小时的潜伏期之后，会出现结膜炎、角膜炎和眼睑炎。眼睛表面的小水泡会导致疼痛的感觉，就像有沙子在眼睛里。尽管太阳光会引起眼睛表面轻微灼痛，但是急性疼痛通常是由强烈的电弧引起的，会导致“结膜炎”、“电弧眼”、“焊工闪光眼”，一般需要两到三天的恢复时间，很少对角膜造成永久性损害。

眼睛中的角膜和结膜对波长约为 270nm 的辐射最敏感。眼睛结膜对大约 270nm 波长的辐射曝露极限为 $40J/m^2$。眼睛晶状体会强烈吸收能发出可见荧光的 UVA。这会干扰视觉、导致视觉疲劳和眼睛疼痛；如果高强度或者重复持久的曝露，可以导致光化学白内障。

曝露 UVB 时皮肤和眼睛的急性反应主要看辐射曝露的总量，而不是 UVB 辐射曝露的输送速率，也就是，不论是在几秒钟或是在几个小时内接收的，个人对给定量的 UVB 的生理反应是一样的。这是经过实验证实的，但是，长期效应，比如老化效应、肿瘤的形成，可能与曝露时间的长短有关系。

(2)间接伤害

紫外辐射也可以刺激化学转变。有些化学物品需要保存在防紫外线的容器中。可见辐射和UVA辐射能导致材料变质、颜色变化,因此有必要对纺织品、染料、油漆、橡胶和塑料进行保护,尤其是对电线的绝缘。臭氧和氮的氧化物是常见的UVC强光源周围的污染物,如电弧焊、石英灯。这样的环境污染物是一种附加伤害,为了避免这种伤害,要求有良好的局部通风。IEC 62471:2006(CIE S:009)规定的紫外辐射伤害包括皮肤和眼睛的光化学紫外危害和眼睛的近紫外危害。

(3)防护措施的使用建议

可通过将紫外辐射源封装起来保护人员的安全。

可通过实施安全工作以控制人员在紫外辐射中的曝露,通过使用外壳、屏蔽设备、防护罩、防护服、手套、护目镜、防护面罩、护肤霜等物品增加安全措施。某些防护物品的防护效果在所有波长中并不一样,因此应小心确保其对需要屏蔽的辐射源是有效的。

对于高强度无防护的紫外辐射源,如紫外透射光源、高压放电灯,高压弧、碳弧和电焊弧光,操作人员应佩戴合适的紫外吸收护目镜,以减小强光辐射和紫外辐射,还应考虑使用防护面罩和防护服。

对于低强度的弥散放电,某些透明塑料屏可以基本上吸收所有的紫外辐射,如聚碳酸酯或甲基丙烯酸甲酯。但要注意聚酯纤维板可以吸收UVB和UVC但会透过UVA。聚乙烯板不能有效防止UVA、UVB或UVC。

2.4.1.2 可见光

可见光通常是指波长为380～780nm的非电离辐射。对于允许到达眼睛的光的总量,由身体条件、光源强度和曝露时间共同确定。一般职业场所,眼睛对宽带光和近红外辐射的曝露限值(TLV)是指工作日的8小时内的曝露时间。曝露时间与辐射频谱和工作人员眼睛所在位置测得的光源发光总量有关。通常认为只在光源强度大于1×10^4 cd/m^{2}时要求有如此详细的白光源的频谱信息。曝露在小于该强度的光源下不会超过每日曝露限值。

(1)直接伤害

可见光主要的伤害是由眼睛(结膜、晶状体以及相关介质)将光线在视网膜上聚焦成小图像引起的。因为进入眼睛的可见辐射只有很小一部分是有用的,其余的被色素上皮细胞的色素颗粒和在感光细胞下方的脉络膜所吸收,并被转化成热量。除非这热量可以被血液循环带走,否则局部温度急速增加会导致组织破坏,并引发视网膜灼伤。比如,裸眼观看日偏食会在视网膜上生成一个图像,视网膜上的能量强度是眼睛表面的 100000 倍。类似的视网膜灼伤也能由观看实验室强光所导致,如果使用光学装置来收集或者集中光线,伤害的可能性会增加。

眼睛通常可以处理大的散射光源,但是延长曝露强光或者眩光的时间会导致暂时性的或者永久性的视力损伤,尤其是夜视能力。

如果入射光谱大部分落在靠近紫外光一侧的蓝光区域,那么光化学伤害将会导致白内障。

由光导致的眼损伤的严重程度是不相同的,其后的恢复状况也各不相同,从零恢复到完全恢复。出现黑斑的视网膜损伤被认为是严重的损伤,因为视网膜是视觉功能高度发达的部分。

(2)间接伤害

脉冲光进入眼睛会带来不良的影响。临界脉动率在每秒钟 8～14 个脉冲时,会引起癫痫和催眠效果,在每秒钟 14～15 个脉冲时会引起恶心。应该避免延长曝露这些脉冲光或者闪烁光的时间。IEC 62471:2006(CIE S:009)规定的可见光伤害包括视网膜蓝光危害和视网膜热危害。

(3)防护措施的使用建议

观看强光引起的极度不适会引起自然的生理反应,以帮助保护眼睛视网膜不受到剧烈损伤。这些反应包括眨眼、眼珠转动、转头。

使用的每一个强光源都应尽可能使用防护罩,并且所有通风口都用挡板挡住,以阻挡直射光线。

如果无法使用防护罩,曝露在强光源下的人员应佩戴合适的护目镜或者完全罩住眼睛的太阳镜。

2.4.1.3 蓝光辐射

(1)蓝光危害

在光辐射波段中，紫外线及蓝光波段对人体的危害尤为明显。蓝光危害发生在可见光波段，LED的光谱中有不同比例的紫外及蓝光谱段，其中可见光蓝光部分会对视网膜色素层产生损伤。蓝光危害是指由波长主要介于400～500nm的辐射照射后引起光化学作用，导致视网膜损伤的潜能。如果照射时间超过10s，这种损害机理起主要作用，而且是热损害机理的数倍之多。蓝光危害并不是LED照明产品才有的，之前的某些金卤灯和某些荧光灯早就存在。

其中有3类人易受到LED蓝光伤害，应特别注意：眼睛娇嫩的儿童、患糖尿病人员、服用药物后的人员。

婴幼儿的眼睛最容易受到蓝光伤害。因为婴儿的晶状体相对比较清澈，难以过滤蓝光。0～2岁，大约70%～80%的蓝光可以穿透晶状体到达视网膜；2～10岁，大约60%～70%的蓝光会照射到视网膜。所以，在用蓝光治疗新生儿黄疸时，医生一定要用黑布遮住婴儿的眼睛，避免其受到伤害。

糖尿病患者一般都同时伴有视网膜的病变，因此视网膜承受光损伤的约值也会大大下降。

另外，我们生活中很多药物是有光敏性的，当我们吃了药以后，光的损伤可能更明显。据医学专家介绍，常见的药物如强力霉素、环丙沙星、口服降糖药D-860均为光敏性药物，光敏性药物品种不下二十几种。病人服用这些药后，不仅用灯要谨慎，晒太阳也要格外当心。

(2)防护措施的使用建议

对于蓝光危害产品的防护，除使用防护罩、护目镜、太阳镜之类的防护品，还可以使用防蓝光眼镜。防蓝光眼镜专门针对高能短波蓝光进行阻隔，使其不能伤害到人眼睛最重要的视网膜黄斑区域。

防蓝光膜也是最近兴起的降低蓝光危害的产品之一。防蓝光保护膜主要是通过对蓝光的过滤和阻隔实现对人眼的保护，是市面新兴的一种防蓝光技术保护膜。

避免长时间面对有蓝光危害的产品，让疲惫的眼睛及时得到休息。

2.4.1.4 红外辐射

(1)红外辐射危害

红外辐射是指波长从 700nm～1mm 的非电离辐射。红外辐射会损伤眼睛组织或引起人员的热应力。

红外辐射会损伤眼睛组织或引起人员的热应力。

眼睛组织对红外的吸收是由波长决定。近红外由眼睛晶状体吸收，由于热量不能从眼睛的前部快速散发，会促成白内障(玻璃眼)。如果光源强度足够大，近红外也能导致视网膜受损。远红外在眼睛表面被吸收，因此不会引起内部温度升高。高强度光源会引起皮肤或者角膜表面灼伤。

热应力(来自辐射的热量)会导致不利健康的影响。人身上的总热量由环境热量加上自身热量组成，如果身体内部温度保持在 36～38℃，那么通常不会对健康造成严重影响。

IEC 62471:2006(CIE S:009)规定的红外辐射伤害包括视网膜热危害、眼睛的红外辐射危害和皮肤热危害。

(2)防护措施的使用建议

应在靠近红外辐射源或者热源的地方采取良好的防护措施。可使用护目镜(见 GB 11651-2008 和 EN 1836)来保护眼睛，护目镜能使红外辐射衰减，从而将对眼睛的红外辐射曝露水平降到建议的限值以下。使用护目镜可减小进入操作者眼睛的光强度，但在此情况下应确保房间有良好的照明。

应使用合适的防护服来保护皮肤，防止受到热影响。

2.4.2 危害限值

2.4.2.1 皮肤和眼睛的光化学紫外危害

IEC 62471 标准对皮肤和眼睛的光化学紫外危害的辐射限值要求仅适用于照射时间在 8h 以内的情况，要求有效辐射的曝辐限值为 30 J/m^2。

对于人眼来说，高强度的紫外辐射只要照射几分钟，例如电弧焊接时发出的强紫外辐射，就可能会损伤眼球最前部区域，导致角膜和结膜最外层细胞被破坏，从而引发光致角膜炎和光致结膜炎。通常人眼在受到 6～8 小时照射后，将感觉到一阵钻心的疼痛。但是由于角膜和结膜的细胞会不断再生，所以这类损伤是可以修复的，基本上 1～2 天之后就可痊愈。

皮肤对紫外线的吸收与其波长有关。波长越短，透入皮肤的深度越小，照射后黑色素沉着较弱；波长越长，透入皮肤的深度越大，照射后黑色素沉着较强。由于受光化学反应的作用，能级较高的光子流能引起细胞内的核蛋白和一些酶的变性。因此，被紫外线照射后，需经过 6～8 小时的潜伏期后才发生细胞的改变并出现症状，包括皮肤干痛、表皮皱缩，甚至起泡脱落。因紫外线对组织的穿透力很弱，皮肤下的深层组织较少受伤。但严重的紫外线，可引起人体疲乏、低热、嗜睡等全身反应。有些人的皮肤由于对紫外线过敏，光照后发生日光性皮炎（又称晒伤），曝露区皮肤瘙痒、刺痛、皮肤脱屑，还可能溃破结痂。从上述分析可知过多的接触紫外辐射对人类健康会造成很大的危害，标准将限值定义在 8 小时以内的总曝辐量是有其统计意义的。因此为了制造和生产合格的照明产品，必须降低光化学紫外辐射，要将辐射源的光化学紫外辐照度降低到标准限值以下，即对于某些特定用途的灯具，紫外辐射肯定会超出限值要求，所以使用人员要采取必要的防护措施，避免紫外辐射伤害；而对于普通照明用灯的光化学危害，则需要制造商在产品设计和生产过程等各环节进行质量控制，为消费者提供合格放心的产品。

2.4.2.2 眼睛的近紫外危害

标准规定眼睛的近紫外限值应控制在：光谱范围 315～400nm 之间的光辐射对眼睛的总曝辐量，当时间小于 1000s 的情况下将不超过 10000J/m²；当时间大于 1000s（大约 16min）的情况下，对没有保护措施的眼睛的 UVA 波段辐照度 E_{UVA} 不应超过 10W/m²。

随着短波 LED 技术的发展，与人类朝夕相处的某些日用品中出现了近紫外光辐射。所以，人类在面临温室效应减低了大气层厚度、增强了日光中的紫外线强度的同时，还要遭受短波 LED 带来的近紫外辐射危害。过多接收紫外线照射不仅会导致眼干燥、眼疲劳、结膜炎、角膜炎、色素膜炎等，还会诱发晶状体变性，产生白内障及造成视网膜炎等疾病。特别是对于视觉系统尚未发育成熟的儿童，由于他们眼球的晶状体对短波光具有较高的透射比，从而使紫外光更易到达视网膜。所以，若一些婴幼儿玩具用品使用了此类短波 LED 产品，将会对婴幼儿视觉系统造成不可挽回的伤害。

研究表明，在所有会产生电磁辐射的电磁波中，紫外线辐射能量最低，穿透力也较弱，其光量子连普通玻璃都不能透过，对纸、有机玻璃和一般透明塑料薄膜的透过率也很低。一层 2mm 的玻璃就足以挡住 80％的紫外线；如果是两层玻璃，紫外线就完全被挡住了。所以，对于用户来说，只需采用一些简单措施即可实现对紫外危害的防护，如在强紫外线辐射场合，我们佩戴上合适的防紫外线眼镜就能很好地保护眼睛。但即便如此，照明产品制造商不能因此而将防护紫外危害的责任推给用户。遏制紫外危害的主要途径依然是依靠制造商提供符合光生物辐射安全要求的灯具产品。

2.4.2.3　视网膜蓝光危害

为了防止长期受到蓝光辐射的视网膜产生光化学损伤，光源的光谱辐亮度与蓝光危害函数 $B(\lambda)$加权积分后的能量，也就是蓝光加权辐亮度 L_B 不应超过下面的限值：10^5 J/(m^2 · sr)($t \leqslant 10^4$ s)或 100W/(m^2 · sr)($t > 10^4$ s)。

通常我们所说的蓝光危害都是指其对人眼造成的伤害，它可以穿透晶状体到达视网膜，具有导致视网膜损伤潜能的光化学作用，对其造成光学损害，且加速黄斑区细胞的氧化。确切地说，蓝光危害是指由波长主要介于 400～500nm 的辐射照射后引起的光化学作用，导致视网膜损伤的潜能。如果照射时间超过 10s，这种损害机理起主要作用，而且是热损害机理的数倍之多。因此，蓝光被认为是最具危害的可见光。视网膜蓝光危害作用光谱加权函数如图 2-1 所示。

当前，白光 LED 通常采用二波长发光（蓝光＋黄光）或三波长发光（红光＋黄光＋蓝光）的技术实现。无论上述哪种模式的白光，都有蓝光的存在。业界目前大多采用 GaN 芯片的蓝光激发荧光粉产生白光，且激发波长越低，光子能量越高，光化学作用也越明显。

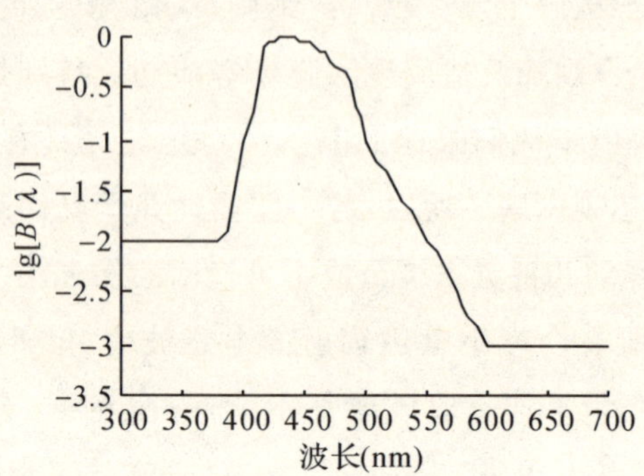

图 2-1 视网膜蓝光危害作用光谱加权函数

LED 芯片的发光峰值波长为 450～470nm 的蓝光，处于视网膜蓝光光化学损伤最敏感波段，从而使窄光束高亮度的 LED 蓝光对人眼造成光化学损伤的可能性也高。研究发现，蓝光杀伤人眼活性细胞的能力是绿光的 10 倍，蓝光危害可能会导致视网膜黄斑部发生病变，且由于这种损害是不可修复的，所以存在着直接导致失明的潜在可能。但是人类的眼睛光学系统具有一定的过滤蓝光的能力，且随着年纪增长，眼内的晶状体也会随之变黄，从而在一定程度上防御了蓝光对眼睛的危害。但是同紫外线辐射危害一样，对于蓝光危害的防御，不能依赖于人类眼睛的光学特性和其他有利因素，更重要的是要通过改进白光 LED 芯片技术，从而达到从源头上遏制照明系统产生蓝光危害的目的。

2.4.2.4 视网膜蓝光危害(小光源)

视网膜蓝光小光源危害和蓝光危害一样，主要是指对人眼的视网膜产生蓝光危害，产生的原因是光源的光谱分布中蓝光波段的作用。对于一般的光源来说，蓝光危害的来源主要是考虑光源尺寸和曝辐时间这两个条件；对于小光源(对边角小于 0.011rad)来说，评估其对视网膜的蓝光危害程度只能用蓝光辐照度 E_B 来体现。无论光源的尺寸如何，根据标准中光源对边角和视场之间的关系，可以得出当曝辐时间大于 10s 时，人眼的视场弧度固定为 0.011rad。

对于对边角小于 0.011rad 的小型光源，标准规定加权辐照度不应超过 $100J/m^2(t\leqslant100s)$ 或 $1W/m^2(t>100s)$。L 和 E 之间的关系，对于一个对边角为 0.011rad 的光源来说，系数大概是 10^4，眼睛的光谱辐照度 E_λ 与蓝光危害函数 $B(\lambda)$ 加权积分后的值，也就是蓝光小光源的加权辐照度。对于眼科装置或者是对于外科手术期间静止不动的眼睛，辐照时间被延伸到了 10000s。这意味着在这些情况下，蓝光加权辐照度应小于 $10^{-2}W/m^2$。

2.4.2.5　视网膜热危害

为了防止视网膜热损伤，标准规定光源的积分光谱辐亮度 L_λ 与灼伤危害加权函数 $R(\lambda)$ 加权后得出的值，也就是热危害加权辐亮度不应超过 $50000/(\alpha\cdot t^{0.25})W/(m^2\cdot sr)(10\mu s\leqslant t\leqslant10s)$。对于一个红外热源或者是任何近红外的光源，它们所产生的微弱视觉刺激不足以产生不适应，当用眼睛观察且辐照时间大于 10s 时，其近红外（波长 780～1400nm 之间）的辐亮度 L_{IR} 的限值为 $6000/\alpha W/(m^2\cdot sr)(t>10s)$。

视网膜热危害的作用光谱范围主要集中在 400～1100nm，作用的光谱峰值波长为 500nm。造成视网膜热危害的主要原因是，光辐射的热化学反应使蛋白质和其他主要细胞生物成分发生变性，同时使生物组织受损。400～1400nm 波长段光的吸收主要集中在接近视网膜色素上表皮细胞和脉络膜部位，所以，此处也是视网膜发生热危害开始的地方。在 IEC 62471：2006（CIE S：009）中，规定了如图 2-2 所示的视网膜热危害作用光谱加权函数。随着对视网膜热危害作用机理的深入研究，研究人员发现视网膜的热

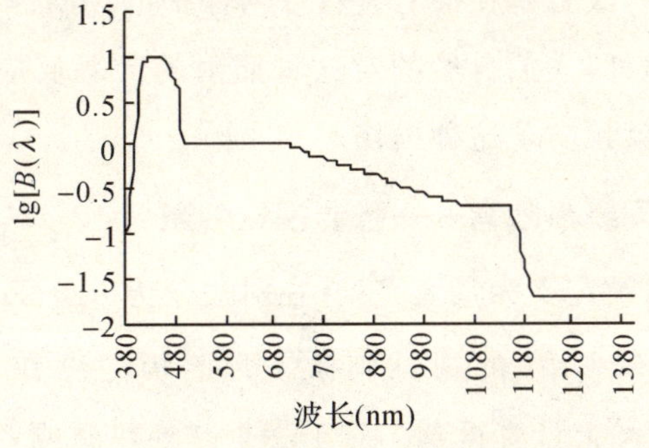

图 2-2　视网膜热危害作用光谱加权函数

危害作用光谱加权函数在波长 400～700nm 范围内，其作用光谱效力相同。并不是在波长 400～500nm 范围内的视网膜的热危害作用光谱加权函数，为对应波长下的视网膜蓝光危害作用光谱加权函数的十倍。因此，在最新修订的 CIE S：009 中，新规定的视网膜热危害作用光谱加权函数如图 2-3 所示。

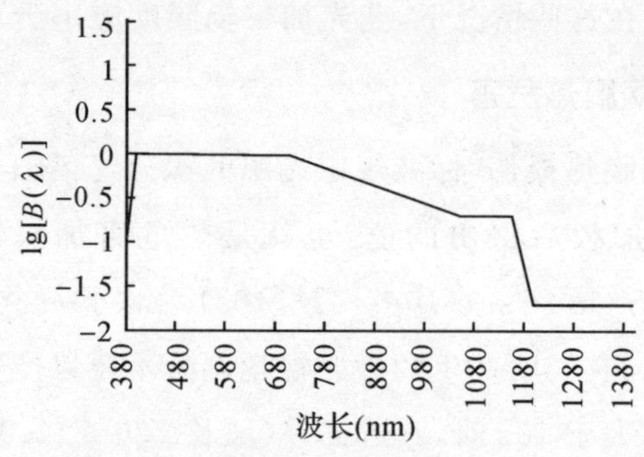

图 2-3　新规定的视网膜热危害作用光谱加权函数

视网膜出现损伤的主要症状是当明亮的弧光照射到视网膜上时，人眼会出现沙点或盲点。视网膜可视损伤可在曝露 5min 后在眼科检查中被发现。在受到 24h 之内的照射后最严重的可能出现失明，有一些会在 14 天后出现有限的恢复。

事实上，视网膜热损伤通常是由于最接近太阳光的氙灯弧光照射了眼睛引起的，在普通灯下很少会出现这种损伤。这种损伤几乎一定是发生在极端恶劣的环境中，或者是在没有进行任何保护的场所。因此，关于此类损伤的报道极少。另外，人们自然的对这种照射的厌恶反应本身就限制了这种损伤的发生，也就预防了这种损伤。

2.4.2.6　视网膜热危害——微弱视觉刺激

微弱视觉刺激被定义为最大亮度（在对边角为 0.011rad 的圆形视场上的平均值）低于 $10cd/m^2$ 的视觉刺激。光谱辐亮度在角度为 0.011～0.1rad的圆锥形视场上计算得到。对于一个红外热源或者是任何近红外的光源，它们所产生的微弱视觉刺激不足以产生不适应，当用眼睛观察且辐照时间大于 10s 时，其近红外（波长 780～1400nm 之间）的辐亮度 L_{IR} 的限值为 $6000/\alpha$ W/(m^2 · sr)($t>10$s)。因为光源的亮度被认为是微弱的，所以曝辐限值是基于 7mm 直径的瞳孔得到的。而在周围的环境光很高的情况下，采用 3mm 直径的瞳孔进行计算。

2.4.2.7　眼睛的红外辐射危害

为了避免对眼角膜的热危害以及晶状体产生后遗症（比如白内障），标准规定对于在波长 780～3000nm 之间的红外辐射，当照射时间小于 1000s 时，红外辐射的视觉曝辐限值应该不超过 $18000t^{-0.75}$ W/m^2($t\leqslant 1000$s)或 100W/m^2($t>1000$s)。

长期受到红外辐射影响会导致人眼晶状体的浑浊，从而引发白内障。危害最大的波段为 780～1400nm，但也有人认为是 780～3000nm。这种危害的机制还未被完全搞清，一般认为这种危害和晶状体受到的直接影响、晶状体周围环境对晶状体的间接影响都有关。特别是当波长大于 1400nm 时，入射辐射几乎全部被角膜和房水吸收，造成眼睛内部损伤。由于眼睛晶状体细胞的更新速度很慢，这种损伤在很长时间内都难以恢复。这种病变发生率较高的人群是传统的在熔化炉边的吹玻璃工人和在熔炼耐火石边与液态金属打交道的工人。现在，这些场合的工人都配备了适当的防护设备，所以这种危害造成的病变发生率已经很小。

但是对于灯或灯系统，用户不可能配备防护装备，只能依靠制造商对于灯具出射光谱的合理控制，来减少甚至消除红外辐射对于人体眼睛，特别是晶状体的损伤。

2.4.2.8　皮肤热危害

标准规定，为了防止可见光和红外辐射（波长 380～3000nm）对皮肤的热危害，其产生的辐照应被限制在 $20000t^{0.25}$ J/m^2($t\leqslant 10$s)以内。

红外线理疗对组织产生的热作用、消炎作用及促进再生作用已为临床所肯定。外界红外线辐射人体产生的一次效应可以使皮肤和皮下组织的温度相应增高，促进血液的循环和新陈代谢，促进人的健康。近红外微量照射治疗对微循环的改善效果显著，尤以微血流状态改善明显。表现为辐照后毛细血管血流速度加快、红细胞聚集现象减少、乳头下静脉丛瘀血现象减轻或消失,从而对改善机体组织、重要脏器的营养、代谢、修复及功能有积极作用。

但是,对于非功能性应用的照明灯具来说,出射光中含有的红外辐射光谱可能会对人体的健康,特别是皮肤产生不良影响。红外线引起的热辐射对皮肤的穿透力超过紫外线。其辐射量的25%~65%能到达表皮和真皮,8%~17%能到达皮下组织,红外线通过其热辐射效应使皮肤温度升高,毛细血管扩张、充血,增加表皮水分蒸发等,直接对皮肤造成的不良影响。其主要表现为红色丘疹、皮肤过早衰老和色素紊乱。此外,红外线还会增强紫外线对皮肤的损害作用,从而加速皮肤的衰老过程。

因此,对于红外线,我们需要在特定的功能性应用中发挥其积极的医学效用。但是,对于照明系统,我们则要避免红外线对人体皮肤的伤害。所以,灯系统制造商有责任对产品的红外热危害进行控制。

2.4.3 主要评价指标及危害分类

IEC 62471:2006(CIE S:009)根据对不同危害类型的要求来评估灯和灯系统光生物安全,其主要评价指标及危害分类为以下4种:

(1)无危险类

无危险类的科学基础是灯对于标准在极限条件下也不造成任何光生物危害,即:

在8h(约30000s)曝辐中不造成光化学紫外危害。

在1000s(约16min)内不造成近紫外危害。

在10000s(约2.8h)内不造成对视网膜的蓝光危害。

在10s内不造成对视网膜的热危害。

在1000s内不造成对眼睛的红外辐射危害。

另外,发射红外辐射但没有强视觉刺激(小于10cd/m^2),并且1000s内不造成近红外视网膜危害的灯也属于无危险类。

(2)1类危险(低危险)

1类危险的科学基础是在曝光正常条件限定下,灯不产生危害,满足这一要求的灯，其限制量比无危险级大，即：

在 10000s 内不造成光化学紫外危害。

在 300s 内不造成近紫外危害。

在 100s 内不造成对视网膜的蓝光危害。

在 10s 内不造成对视网膜的热危害。

在 100s 内不造成对眼睛的红外辐射危害。

另外，发射红外辐射但没有强视觉刺激（小于 10cd/m^2），并且 100s 内不造成近红外视网膜危害的灯也属于 1 类危险。

(3)2 类危险（中度危险）

2 类危险的科学基础是灯不产生对强光和温度的不适反应的危害，满足这一要求的灯的限制量超过 1 类危险，即：

在 1000s 内不造成光化学紫外危害。

在 100s 内不造成近紫外危害。

在 0.25s 内不造成对视网膜蓝光的危害（不适反应）。

在 0.25s 内不造成对视网膜的热危害（不适反应）。

在 10s 内不造成对眼睛的红外辐射危害。

另外，发射红外辐射但没有强视觉刺激（小于 10cd/m^2），并且 10s 内不造成近红外视网膜危害的灯也属于 2 类危险。

(4)3 类危险（高危险）

3 类危险的科学基础是灯在更短瞬间造成危害。其限制量超过 2 类危险（中度危险）。

根据 IEC/EN 62471 的规定，对所规定的不同光生物危害测量辐照度或辐亮度来实现评价基数，按照分类，需要进行辐照度测量的有光化学紫外危害辐照度、近紫外辐照度、蓝光小光源辐照度、眼睛的红外辐射辐照度；需要进行辐亮度测量的有蓝光辐亮度、视网膜热危害辐亮度、视网膜的热的微弱的视觉刺激辐亮度。

根据 IECEECTL 决议 DSH0744 规定，不同危害分类的产品还需满足下面要求：

(1)需要满足 IEC/TR 62471-2《灯和灯系统的光生物安全性——第 2 部分:有关非激光光学辐射安全的制造要求导则》规定的所有要求,包括标记。

(2)对于只发出可见光的低亮度(<10^4 cd/m^2)LED 产品,按照 IEC/EN 62471 第 4.1 条规定不需要进行危害等级分类。

(3)如果制造商提供了显示灯具辐亮度不超过 IEC/EN 62471 规定的无危险类和 1 类危险(低危险)的测试报告,认证机构可以接受该灯具。如果制造商未提供类似声明,则应按照 IEC/EN 62471 要求进行测试。因此,分类为无危险和 1 类危险(低危险)的 LED 照明产品,在正常情况下使用不会产生光生物危险,可以接受该类产品。而分类为更高类的 LED 照明产品,则会存在蓝光伤害的隐患。

2.5 国内外光生物安全法律法规与标准要求

2.5.1 中国

2.5.1.1 法律体系与标准

1993 年全国人民代表大会颁布了《中华人民共和国产品质量法》,于当年 9 月 1 日正式实施,主要目的是加强对产品质量的监督管理,提高产品质量水平,明确产品质量责任,保护消费者的合法权益,维护社会经济秩序。《产品质量法》明确规定对产品质量实行以抽查为主要方式的监督检查制度;国务院第 390 号令《中华人民共和国认证认可条例》于 2003 年 11 月 1 日起执行,要求对列入目录的产品进行强制性产品认证强。制性产品认证制度是中国政府为保护国家安全、防止欺诈行为、保护人体健康或安全、保护动植物生命或健康、保护环境,依照法律法规实施的一种产品合格评定制度。通过实施强制性产品认证程序使产品得到检测和审核,以符合国家标准和技术法规。对于目录内未经强制性产品认证而标注强制性产品认证标志,并且有根据认为该产品不符合国家认监委发布的《强制性产品认证实施规则》要求的行为，属于伪造、冒用认证标志的行为，按《中华人民共和国产品质量法》等有关法律、行政法规的规定实施处罚；2009 年国家质检总局发布第 117 号令《强制性产品认证管理规定》，并于 2009 年 9 月 1 日实施，其中第二条是为保护国家安全、防止欺诈行为、保护人体健康或者安全、保护动植物生命或者健康、保护环境，国家规定的相关产品必须经过认证，并标注认证标志后，方可出厂、销售、进口或者在其他经营活动使用。重申目录内的产品必须经过认证；《强制性产品认证标志管理办法》是中国国家认证认可监督管理委员会 2001 年第 1 号公告，主要针对已获得认证的产品如何正确使用标志进行了规定；《强制性产品认证证书注销/暂停/撤销实施规则》是中国国家认证认可监督管理委员会 2008 年第 19 号公告，于 2008 年 6 月 4 日实施，主要针对认证产品在注销/暂停/撤销期间的出厂、销售、进口或者在其他经营活动做了详细规定。国家质检总局、中国国家认证认可监督管理委员会 2001 年第 33 号公告规定了《第一批实施强制性产品认证的产品目录》，目录共有 19 大类 132 种产品，其中照明器具、家用电器、信息技术设备均在目录内。

“绿色照明”是 20 世纪 90 年代初国际上对采用节约电能、保护环境照明系统的形象性说法。美国、英国、法国、日本等主要发达国家和部分发展中国家先后制订了“绿色照明工程”计划，取得了明显效果。照明的质量和水平已成为衡量社会现代化程度的一个重要标志，是人类社会可持续发展的一项重要措施，受到联合国等国际组织机构的关注。

中国政府为促进经济增长方式由粗放型向集约型的转变，做好“九五”时期的节能工作，发展和推广高效照明器具，逐步替代传统的低效照明电光源，节约照明用电，建立优质高效、经济舒适、安全可靠、有益环境和改善人们生活质量、提高工作效率、保护人民身心健康的照明环境，以满足国民经济各部门和人民群众日益增长的对照明质量、照明环境和减少环境污染的需要，于 1996 年成立了“中国绿色照明工程”协调领导小组。协调领导小组由国家经贸委会同国家计委（现国家发改委）、国家科委（现科技部）和有关部门组成。协调领导小组下设办公室，负责实施过程中的日常事务工作。

同时，成立专家小组，专家由“中国绿色照明工程”协调领导小组聘任，在办公室组织下开展有关条例、标准、政策、技术等咨询工作，参与宣传、推广、示范、合作等计划的研究和推动工作。

开展LED光生物安全战略研究，科学理性地进行产业发展的时空布局，从技术角度寻找减除LED光生物危害的解决方案，不仅关乎LED光照明产业的健康持续发展，而且可以通过LED光照明国家标准之谋划以及相关专利之布局，争取标准制定之话语权，对于整个新型半导体照明产业突破专利壁垒，培育自主知识产权的新一代照明核心技术都具有至关重要的战略意义。随着光生物学研究的快速发展，近几年LED的光生物安全日益引起国际社会的关注。从2002年开始，有关人类第三种非视觉光接收器（细胞）、光辐射对生理节律及内分泌系统的影响等基础研究的进展，为人们发现和研究人造光源在应用过程中出现的潜在危害提供了有效分析工具和证据。

中国于2006年发布了国家推荐性标准GB/T 20145-2006《灯和灯系统的光生物安全性》，该标准归口TC224《全国照明电器标准化技术委员会》，对评估灯和灯系统，包括各种灯具的光生物安全性给予指导。该标准对于所有非相干宽带电光源，也包括发光二极管（LED）但不包括激光，在200～3000nm波长范围的光学辐射的光生物危害给予了评估和控制，并且对曝辐限值参考测量技术和分级计划进行了明确规定。本标准中的曝辐限值适用于连续照射源，辐射持续时间不能少于0.01ms，也不能大于8h。该标准按照不同波长光辐射对人眼和皮肤造成的伤害进行了分类，有光化学紫外危害（波长200～400nm）、近紫外危害（波长315～400nm）、蓝光危害（波长300～700nm）、蓝光危害-小光源（波长300～700nm）、视网膜热危害（波长780～3000nm）、视网膜热危害（微弱视觉刺激）（波长780～1400nm）、红外辐射危害（波长780～3000nm）、皮肤热危害（波长380～3000nm）。通过对以上8种危害分别测量光化紫外辐照度、近紫外辐照度、蓝光辐亮度、蓝光小光源辐照度、视网膜热危害辐亮度、视网膜的热的微弱的视觉刺激辐亮度、眼睛的红外辐射辐照度作为评价基数，从而按照各类曝辐限值以4种危害等级的要求进行评定。同时规定了测量距离，对普通照明（GLS）的灯，危害值（无论辐照度或辐亮度）均应在产生 500lx 照度的距离下给出，但这个距离不应小于 200mm；对其余所有光源，包括脉冲灯，危害值在 200mm 的距离上给出。4 种危害等级以及分类科学基础如下：

无危险类：无光生物危害；

1 类危险（低危险）：在曝光正常条件下，灯无光生物危害；

2 类危险（中度危险）：灯不产生对强光和温度不适敏感的光生物危害；

3 类危险（高危险）：瞬间辐射会造成光生物危害。

GB/T 20145-2006 标准等同采用 CIE S 009/E：2002《灯和灯系统的光生物安全性》，其标准内容与 CIE S 009/E：2002 和 IEC 62471：2006《灯和灯系统的光生物安全性》无差异。

除以上光生物安全标准外，强制性认证类别里的一些产品认证标准对光源的辐射也有要求。如 GB 7000.1-2007《灯具 第 1 部分：一般要求与试验》条款 4.24 提出了紫外线辐射的要求，规定使用金属卤化物的灯具，不能发射出过多的辐射，其发射出的紫外线辐射需要有防护措施，应该装一个适当的防护罩，同时给出了附录 P 中的程序 A 或程序 B 来得到有效辐射防护计算；GB 14196 对家庭和类似场合普通照明用的卤钨灯、家庭用和出口的紫外辐射源和汽车灯等的特定有效紫外辐射功率做了规定；GB 4706.85-2008《家用和类似用途电器的安全 紫外线和红外线辐射皮肤器具的特殊要求》第 32 章规定了对装有 UV 发射器的器具不应发出一定数量的辐射；GB 4706.76-2008《家用和类似用途电器的安全 灭虫器的特殊要求》第 32 章规定了对带有紫外线辐射灯的器具，在距离 1m 处测量的总有效辐射度，不应超过 $1mW/m^2$；GB 4943.1-2011《信息技术设备》第 4.3.13.4 条规定了人体曝露在紫外线辐射下的要求：被 UV 灯的外壳或设备的外壳充分罩住或不超过 IEC 60825-9 给出的相关限值。可见，除了 GB/T 20145-2006 这一完整的关于光生物安全要求的标准外，一些相关产品标准也涉及了光生物安全相关的内容和光生物危害限制，但仅涉及 GB/T 20145 中的某一两项危害类型。

国内的照明领域专家学者和专业机构经过多年对光生物安全性的研

究，于 2013 年向社会发布了《普通照明 LED 与蓝光》白皮书，意在进一步澄清消费者对 LED 光源的使用误区和恐惧，通过对 LED 产品的原理、技术科学依据的阐述，以及国内外大批量采样产品的检测结果统计分析，公布了权威的定论性意见，让社会各界明白 LED 产品的原理和性能，以及可能产生的危害和需采取的防护措施。在该白皮书里阐述的 5 条结论为：

(1)正确使用合格的普通照明白光 LED 产品，对于人眼是完全安全的；

(2)现在普通照明用的白光 LED 的光效已超过传统光源，其灯具效率也明显高于传统灯具。白光 LED 显色性良好，性能稳定，其智能照明系统既可调节亮度，又能实现从暖白光到冷白光的改变，因而可以提供低碳舒适的最佳照明；

(3)蓝光是白光的基本成分。与日光和传统光源一样，白光 LED 也含有蓝光。适量的蓝光不仅为保证光源的显色性能所必需，还能对人的生理节律有调节作用；

(4)各种光源和日光光谱计算得到的数据及国内外权威实验室的测量结果表明：白光 LED 光源的蓝光含量不高于相同色温下荧光灯和金属卤化物灯等传统光源及日光；白光 LED 光源在人眼视网膜上的蓝光辐照量与相同色温下荧光灯和金属卤化物灯等传统光源类似，属于安全照明产品(光生物安全国内外标准中的 0 类和 1 类产品)。与传统光源和日光一样，如果使用不当或使用不合格 LED 产品，导致波长为 400～500nm 的蓝光对视网膜的过量辐射，则可能造成伤害；

(5)为了确保 LED 照明产品的光生物安全和照明质量，LED 光源和照明系统必须符合国内外相关标准，并采用合理的光学设计，将出光面的表面亮度控制在合适的水平。在使用时，所采用的照度和色温应根据具体应用而定。

2.5.1.2 标准差异与应用

目前，由于 GB/T 20145 属于国家推荐性标准，在进行强制性产品认证时，对涉及光生物安全的灯和灯系统仅要求 LED 照明产品必须有光生物检测报告或制造商的自我申明，以此来规范 LED 照明产品的光生物安全等级或风险，并没有强制要求进行光生物安全的检测。

2.5.2 欧 盟

2.5.2.1 法律体系与标准

欧盟法律是与欧盟各成员国国内法律平行执行的独立法律系统。欧盟法律在欧盟各成员国的法律系统有直接效力，在很多领域高于各成员国国内法，特别是单一市场所涵盖的领域(经济政策和社会政策方面)。根据欧洲法院的确认，欧盟不是一个联邦政府而是构成国际法中一个全新法律秩序的联合体。欧盟法律有时候被归类为超国家法，目前在28个成员国中大约有5亿欧盟公民受欧盟法律支配，这使其被称为世界上适用最广泛的现代法律系统之一。

欧盟法律可以分为三大支柱。第一大支柱为基于罗马条约、单一市场以及经济货币一体化的欧共体。有关上述事项的法律法规制定通常要经过特定多数投票，并且由欧洲议会和部长理事会共同达成一致。第二大支柱包括共同外交与安全政策(CFSP)。该部分事项只需要部长理事会全体通过来决定。第三大支柱即为司法与内务合作，该部分事项主要由部长理事会产生决议。

欧盟类似于联邦制国家，法律制度是为了保证各成员国的政治成果，因为政治制度具有分散性。欧盟制定的决议，各成员国必须绝对执行。相比而言，各成员国国内的决议制定和执行通常由各成员国自己进行。

建立欧共体的协定(欧洲共同体条约)作为其后欧共体所有法律的基础，只有在所有成员国都达成一致意见的时候，才能对该条约进行修改。自从1958年付诸实施以来，该条约已经经过了数次修改。欧盟宪法的条约草案与2004年的政府间会议达成一致。该条约对欧共体条约进行了简化，并对欧盟各个机构进行了一系列结构性的调整。

在第一大支柱下，欧共体可以通过3种层次的法律法规来约束成员国。

(1)法规

法规是指约束全部欧盟成员国各方面事项的欧盟法。如果成员国的法律与该法规冲突，则欧盟法规优先。

(2)决定

决定是指直接针对和约束个别成员国、企业或者个人的欧盟法。

(3)指令

指令是指为欧盟提供某一特定的目标，但达成目标的方式由各成员国确定的欧盟法。因此，指令是需要由各成员国转化为国内法，以赋予其法律效力的法律形式。

欧盟近年来出台的一系列环保法规，如 WEEE、RoHS、ErP 等，基本都是以指令的形式出现，再由各成员国根据各自情况转换成国内法，从而使指令的要求具备实际的法定执行力，形成所谓的技术壁垒。因此，对于欧盟指令，了解指令的总体要求固然重要，同时也不能忽视各国转换为国内法后的具体要求，毕竟生产商、出口商直接面对的是各个进口国，这也是应对欧盟技术壁垒的一个特点。指令和规定可以由一个最高协调条款和最低协调条款的混合体组成，可以不管是在本国还是在所在国的基础上执行。所有欧盟的法律法规必须基于具体的条约条款，对应的条款是法律法规的"法律基础"。

欧盟对照明产品适用 CE 低电压指令(LVD directive 2006/95/EC)，而对于目前的光生物要求，LED 产品不再被最新版本的激光安全标准 IEC/EN 60825-1 所涵盖，而要按照 EN 62471:2008《灯和灯系统的光生物安全性》进行风险评级，IEC/EN 60825 仅适合于激光产品。EN 62471 被 CE 低电压指令(LVD directive 2006/95/EC)所涵盖的同时也被人造光辐射指令(EU Directive 2006/25/EC)所涵盖。另外，关于家用非定向灯的能效要求，欧盟法规 244/2009 也同时指定关于 UV 含量的测试需要按照 EN 62471 执行(包含节能灯和白炽灯/卤素灯)。根据 OSM/CTL 0812 决议，LED 灯具必须按照 EN 62471 进行测试，LED 模块关于人眼保护的标签，参考 IEC/EN 62471。

EN 62471:2008《灯和灯系统的光生物安全性》适用于所有的灯和灯系统，包括 LED、白炽灯、荧光灯、气体放电灯、电弧灯等。该标准对于所有非相干宽带电光源，也包括发光二极管(LED)但不包括激光，在 180～3000nm 波长范围的光学辐射的光生物危害给予了评估和控制，并且对曝辐限值参考测量技术和分级计划进行了明确规定。该标准同 IEC 62471、GB/T 20145 一样通过对 8 种危害分别测量光化紫外辐照度、近紫外辐照度、蓝光辐亮度、蓝光小光源辐照度、视网膜热危害辐亮度、视网膜的热的微弱的视觉刺激辐亮度、眼睛的红外辐射辐照度作为评价基数，从而按照各类曝辐限值以 4 种危害等级的要求进行评定。

4 种危害等级以及分类科学基础如下：

豁免：无光生物危害；

1 类危险(低危险)：在曝光正常条件下，灯无光生物危害；

2 类危险(中度危险)：灯不产生对强光和温度不适敏感的光生物危害；

3 类危险(高危险)：瞬间辐射会造成光生物危害。

2012 年，欧洲灯泡制造商联盟(ELC)与欧洲灯具协会(CELMA)联合发布了有关 LED 照明光安全的报告。报告声明当用作拟定用途时，所有包括 LED 与节能型荧光灯在的内的用于普通照明的光源(灯泡或系统)和灯具，都可以被消费者安全地使用。

2.5.2.2 标准差异与应用

EN 62471 标准的内容除了波长范围、紫外危害加权函数测量间隔、蓝光小光源限值、视网膜热的微弱的视觉刺激限值与 IEC 62471、GB/T 20145 有区别外，其余内容一致。差异点如表 2-7 所示。

表 2-7 IEC 62471、GB/T 20145 和 EN 62471 标准差异

项　目	IEC 62471:2006、GB/T 20145-2006	EN 62471:2008
波长范围	200～3000nm	180～3000nm
紫外危害加权函数测量间隔	5nm 间隔	1nm 间隔
蓝光小光源限值	无危害类限值 1.0W/m^{-2}；中度危害限值 400W/m^{-2}	无危害类限值 0.01W/m^{-2}；中度危害限值 400W/m^{-2}

续表

项　目	IEC 62471:2006、GB/T 20145-2006	EN 62471:2008
视网膜热的微弱的视觉刺激限值	无危害和低危害限值 6000/α，W/(m²·sr)； 中度危害限值 28000/α，W/(m²·sr)	在 0.011≤α≤0.1 视场角时与 IEC 62471 标准一致； 在 0.0017≤α≤0.011 视场角时无危害和低危害限值 545000W/(m²·sr)，中度危害限值 2560000W/(m²·sr)

另外，EU Directive 2006/25/EC 人造光辐射指令也规定了不同波段会产生的各类辐射危害的曝辐限值，该指令涵盖了 EN 62471:2008 的要求。

CE 标识(CE Marking)是产品进入欧盟境内销售的通行证。由于 EN 62471 被 CE 低电压指令(LVD directive 2006/95/EC)所涵盖的同时也被人造光辐射指令(EU Directive 2006/25/EC)所涵盖，照明电器产品进入欧洲市场必须满足 CE 指令的所有相关要求，因此光生物安全要求成为强制性要求。出口到欧盟各国的 LED 灯具必须通过 CE 认证，该认证要求产品必须通过 LVD 和 EMC 指令的要求。LED 灯具产品经欧盟 CE 认证的 LVD 指令是 2006/95/EC，该指令适用供电电压在交流 50～1000V 或直流 75～1500V 之间的电气设备。指令的基本要求是低电压设备不会危害人身安全以及家畜或财产安全，最终要达到表 2-8 中的 11 项目标。

从表 2-8 可以看出，LVD 中的技术特性不包括电磁兼容性能，电磁兼容性能由专门的指令 2004/108/EC 涵盖，但电气设备的电磁场辐射在低电压指令中涵盖。针对具体产品而言，电磁场辐射的测量方法标准会不相同，如家用电器按照 EN 62233《家用和类似用途电器 电磁场 评价和测量方法》进行检测，照明设备按照 EN 62493《人体曝露于电磁场的照明设备的评估》进行检测，低功率电子电气设备按照 EN 50371:2002《低功率电子电气设备符合有关人体曝露于电磁场(10MHz～300GHz)基本限制的通用标准》进行检测，但不管哪一种产品，它们均应满足 1999/519/EC《公众电磁曝露限值(0～300GHz)的建议》规定的辐射限值要求。同时对于照明设备还应符合 EN 62471 标准中对光辐射危害的限值要求。

表 2-8　欧盟 LVD 指令 2006/95/EC 的目标

序　号	最终目标
1	确保电气设备能够按照设计的目的正确使用，基本性能在设备上或在随附的报告上进行标识
2	制造商的名称和商标应清楚地印在电气设备上或包装上
3	电气设备及其零部件的设计应确保设备能够安全并且正确地安装和连接
4	电气设备的设计和生产应确保防护第 5～11 项提出的危害，设备按照其设计目的使用并且正确维护
5	对人身和家畜有足够的保护，免受因电气直接或间接接触造成的物理伤害或其他触电危害
6	不会产生导致危险的温度、电弧或辐射
7	对人身、家畜和财产有足够的保护，免受经电气设备导致的非电气危险
8	在可预见的条件下有适当的绝缘保护
9	电气设备满足预期的机械性能要求，不会危及人身、家畜和财产
10	电气设备在预期的环境条件下能够抵御非机械方面的影响，从而不会危及人身、家畜和财产
11	在可预见的过载（过电流）的情况下，电气设备不会危人身、家畜和财产

2.5.3　美　国

2.5.3.1　法律体系与标准

1968 年美国政府发布了《控制辐射、确保健康安全法》，该法律的目的在于保护公众不受电子产品的辐射伤害。为此美国食品药品监督管理局 FDA 制定了有关电子产品辐射的有关性能标准，强制要求进入美国市场的辐射性电子产品都必须符合有关的性能标准。照明设备中有辐射的太阳灯、紫外线灯、杀菌灯、X 射线指示灯、手术灯、荧光灯、卤素灯、激光灯、高强度水银蒸汽放电灯等几类产品就必须满足 FDA 的要求。FDA 对辐射性灯具的要求主要参照美国联邦法规《21 CFR Chapter 1 Subchapter J Part1000～1040 辐射健康》，它主要是对进口企业及进口商规定了详细的要求。FDA 要求辐射性产品的外国生产企业在产品销往美国之前，向 FDA 提交有关规定的材料，然后由 FDA 赋予一个 7 位数字的号码，相当于外国厂商在 FDA 的注册号。进口商在辐射性产品进口通关时除向海关申报外，还必须以 FDA2877 电子产品申报表格向 FDA 申报，申报表除了需列明生产厂、进口商、产品等的有关信息外，还需要上述的外国生产厂在 FDA 的注册号，申报资料不全、不符合要求都直接被 FDA 拒之门外，FDA 还有权在其进入市场之前或之后进行取样检验，以检查进口产品是否确实符合美国有关法规的强制性要求。

FDA 对辐射性照明设备的标签有通用要求和特殊要求两部分内容。其中通用要求包含产品生产者需在产品上模压或在设备上固定标签，标签上需标示的内容有：产品所符合性能标准的声明及标准号和标准内容；产品制造商的名称和地址；生产地点和生产日期，如果之前曾以代码的形式提供过 FDA 医疗器械和辐射卫生中心时，生产日期也可以用代码或缩写表示。特殊要求包含太阳灯和太阳灯产品的所有标签需贴在使用者使用产品前最容易看到的外表面上；每个太阳灯产品都需贴有“警告：紫外线辐射危险，避免过度照射”标签，此外标签还需包含推荐曝露的身体姿势及说明、推荐曝露的时间表、达到预期晒黑效果的总体时间安排、太阳灯中所使用的紫外线灯类型。

同时安全法对所涉及的照明设备的辐射控制标准有如下要求：应用于产生皮肤晒黑的太阳灯产品，限制 UVC 辐射等级和 UVA 或 UVB 率。并要求说明灯的互换性，基于紫外线辐射水平的最大曝露时间，精度为±10%的定时器、保护眼罩、使用标签等说明要求。对于高强度水银蒸汽放电灯，要求在泄漏或外壳破损后自动熄灭，并详细规定水银灯外包装和广告信息。

1996 年，北美照明学会（IESNA）和美国国家标准组织（ANSI）在光辐射安全的检测中先行一步，出版了《灯和灯系统光生物安全实施规程》，该系列规程由 ANSI/IESNA RP-27.1《灯和灯系统的光生物安全实施规程 一般要求》、ANSI/IESNA RP-27.2《灯和灯系统的光生物安全实施规程 测量技术》、ANSI/IESNA RP-27.3《灯和灯系统的光生物安全实施规程 危害等级分类和标签》组成。

2.5.3.1.1 ANSI/IESNA RP-27.1 的要求

(1)对曝露限值做了规定

1)紫外波段:标准对 200～400nm 波段皮肤和眼睛曝露限值做了规定,紫外辐射对无保护的皮肤或眼睛的辐射值是已知的,曝光时间控制在 8h 以内,皮肤和眼睛在没有防护的情况下,允许在紫外辐射下照射的时间由以下公式决定:

$$t(\max)=0.003/E_s$$

式中:$t(\max)$是允许紫外照射的时间,单位为 s;E_s 是有效紫外辐射照度,单位为 W/cm^2;0.003 单位为 J/cm^2;表 2-9 给出在对应的有效紫外辐射照度($\mu W/cm^2$)下允许的紫外照射时间。

表 2-9 允许的紫外照射时间表

每日曝露时间	有效紫外辐照度 $E_s(\mu W/cm^2)$
8h	0.1
4h	0.2
2h	0.4
1h	0.8
30min	1.7
15min	3.3
10min	5
5min	10
1min	50
30s	100
10s	300
1s	3000
0.5s	6000
0.1s	30000

2)320～400nm 波段眼睛曝露限值：光谱范围在 320～400nm 的光辐射对眼睛的总的曝辐射量，在照射时间小于 1000s 的情况下不能超过 10000J/cm^2；在照射时间大于 1000s（大约 16min）的情况下，对没有保护措施的眼睛的辐射照度不应超过 1.0J/cm^2。

3)可见和近红外波段：标准对视网膜热危害曝露限值、视网膜蓝光危害曝露限值、视网膜蓝光危害（小光源）曝露限值、眼睛晶状体危害曝露限值、红外辐射危害曝露限值、红外辐射危害（微弱视觉刺激）曝露限值、皮肤热危害曝露限值及其公式进行了详细的规定，对超过了标准中限值的规定了警告标记示例。

(2)对灯和灯系统的通用测量要求所作说明

在考虑危害等级时应考虑不确定度的所有已知的来源，包括人的因素、操作条件、仪器计量误差的累积误差的影响。强调测量应只能由受过培训或有经验的人员进行。在测量辐射或辐射照度时要确保仪器视场足够大，以保证精确的测量。

(3)对标签的要求

灯和灯系统的光辐射超过 RP-27.1 第 4.0 节规定的曝露限值的，其标签应包含如下产品信息、产品目录和用户信息：

·“注意”或声明“警告”，有时也被称为信号词。

·一项描述的潜在危险。例如，皮肤刺激或眼睛受伤。

·注意避免风险的预防措施。例如，不要盯着一个特定光源看的警告。

·一个简短的声明，指定风险等级，假定适用风险等级存在。

一些适当的标签例子可详见 RP-27.2 附件 C。

(4)对灯系统的要求

灯系统应设计成能最大限度地减少装入灯后引起的不必要的辐射和任何由外表面温度引起的危害。安全工程的特征，如保护外罩、连锁装置、扩散器、按键控制开关和辐射指示器都应组合于装有灯的产品内。

(5)用户注意事项提醒

用户应采取适当的风险控制措施，包括：

·在用户使用信息中应清楚描述当灯或产品发射有害辐射时对用户眼睛或皮肤伤害的预防和保护事项。如采用具有表面温度超过 44℃(111°F)的有易燃材料的灯或产品时,应有预防热伤害皮肤的提醒。

·提供足够的通风,尽量减少曝露于可能通过发射短波紫外线灯管产生臭氧的环境中的警示。

·更换灯泡时关闭灯预防电损伤的警示等。

2.5.3.1.2 ANSI/IESNA RP-27.2 的要求

在这部分标准中,详细说明了灯和灯系统的测量技术和要求。

(1) 通用要求。对灯的调试、测试环境、气流、温度、外界辐射、灯和灯系统的操作等测量条件做了规定。

(2) 测量仪器。对推荐的测量仪器双单色仪、宽波段探测器等进行了详细规定。

(3) 详细说明了辐照度和辐亮度的测量方法。

2.5.3.1.3 ANSI/IESNA RP-27.3 的要求

ANSI/IESNA RP-27.3 将灯和灯系统产品分成豁免级、1 类危险(低危险)、2 类危险(中度危险)和 3 类危险(高危险)4 个安全组别,并对 4 个安全组别分别规定了警告标记要求。其发射限和标记要求如表 2-10、表 2-11 所示:

对表 2-10 的使用有如下要求:(1)指对应于定义的角度 α 的特定截面的辐射度和辐照度测量的平均要求;(2)L_{IR} 仅适用 $L \leqslant 10cd/m^2$ 的光源;(3)对普通照明光源(GLS),应在产生 500lux 照度的距离下评估,但这个距离不应小于 20cm;(4)对非普通照明光源在距离为 20cm 处进行评估;(5)超过 RG-2 组别任何曝露限值的灯划分为 RG-3 组别。

表 2-10 连续发光灯危害组别发射限

危 险	RP-27.3 条款	符号	单 位	豁免	1类危险(低危险)	2类危险(中度危险)	注
光化紫外,$S(\lambda)$	5.4.1	E_s	$\mu W/cm^2$	0.1	0.3	3.0	
近紫外,320~400nm	5.4.2	E_{UV}	mW/cm^2	1.0	3.3	10	
视网膜热危害	5.4.3	L_R	$W/(cm^2 \cdot sr)$	$2.8/\alpha$	$2.8/\alpha$	$7.1/\alpha$	
蓝光,$B(\lambda)$	5.4.4	L_B	$W/(cm^2 \cdot sr)$	0.01	1.0	400	
蓝光,$B(\lambda)$	5.4.5	E_B	$\mu W/cm^2$	100	100	900	小光源
眼角膜/晶状体,I_R	5.4.6	E_{IR}	mW/cm^2	10	57	320	
低亮度,视网膜 I_R	5.4.7	L_{IR}	$W/(cm^2 \cdot sr)$	$0.6/\alpha$	$0.6/\alpha$	$0.6/\lambda$	非普通照明光源

表 2-11 连续发光灯危害组别标记要求

参 数	豁免级	RG-1	RG-2	RG-3
$E_S \& E_{UV}$	无标记	注意:这个灯发出紫外光。尽量减少曝露。通过玻璃或塑料遮蔽灯通常会产生足够的保护。或注意:这个灯发出紫外光。会刺激皮肤或眼睛。尽量减少曝露	注意:这个灯发出紫外光。一天内曝露超过15min可能刺激皮肤或眼睛。使用适当屏蔽	警告:这个灯发出紫外光。可能会导致皮肤或眼睛的损伤。避免眼睛和皮肤接触无屏蔽的灯
$L_R \& L_B \& E_B$	无标记	无标记	注意:当灯点亮时,不要盯着裸露的灯看。可能会对眼睛有伤害	注意:当灯点亮时,不要看裸露的灯。会伤害眼睛
E_{IR}	无标记	注意:这个灯发射红外光。近距离在裸露的灯下每天工作超过15min应采取合适的眼睛保护	注意:这个灯发射红外光。近距离在裸露的灯下工作应采取合适的眼睛保护	警告:这个灯发射红外光。避免没有保护时的眼睛接触

续 表

参 数	豁免级	RG-1	RG-2	RG-3
L_{IR}	无标记	注意:这个灯发射红外光。别盯着裸露的灯	注意:这个灯发射红外光。别盯着裸露的灯	警告:这个灯发射红外光。距离小于______m(或步长)时不看这个灯

2.5.3.2 标准差异与应用

ANSI/IESNA RP-27 系列标准的内容除了蓝光小光源限值与 IEC 62471、GB/T 20145 比较有加严要求外,其余内容一致。差异点如表 2-12 所示。

表 2-12 IEC 62471、GB/T 20145 与 ANSI/IESNA RP-27 的差异

项 目	IEC 62471:2006 、GB/T 20145-2006	ANSI/IESNA RP-27
蓝光小光源限值	无危害类限值 1.0W/m^{-2} 中度危害限值 400W/m^{-2}	无危害类限值 1.0W/m^{-2} 中度危害限值 9.0W/m^{-2}

2013 年,美国能源部发布了关于 LED 光学安全的固态照明(SSL)科技情况说明书——LED 光学安全。该说明书概括了此领域的已有知识,探讨了光生物安全的现有标准。并针对人们对“蓝光危害”(blue light hazard)的光学安全担忧给出了如下结论:在同样的色温下,和其他类型的通用光源相比,干净的白光 LED 并不会产生更多蓝光危害。根据现有的国际标准来看,白光建筑照明产品在总体上并不被认为有蓝光危害。

美国目前采用的是推荐性 ANSI/IESNA RP27.1 标准,因此对于光生物安全的要求也是自愿性的。但是美国相关部门已经部署研究 UL 标准覆盖的照明产品的光生物安全标准的实施工作。

2.5.4 日 本

2.5.4.1 法律体系与标准

日本的《电气用品安全法》是为了防止电气用品产生危险及故障为目的

而颁布的，其中规定了电气产品的技术基准。而制作这些电气产品的从业者，其产品需符合日本国内规定的技术基准，在销售时有义务在产品上标注“PSE标志”，以示其产品符合相应的技术基准。日本经济产业省于2011年7月1日公布《关于修订电气用品安全法施行令的部分内容的政令》，此次政令的修订，将追加LED灯作为《电气用品安全法》中的管辖产品之一，并且对吸尘器及锂离子电池的产品基准范围进行扩大。

PSE认证是日本强制性安全认证，用以证明电子电器产品已通过日本电气和原料安全法(DENAN Law)或国际IEC标准的安全标准测试。日本的DENTORL法(电器装置和材料控制法)规定，498种产品进入日本市场必须通过PSE安全认证。其中，165种A类产品应取得菱形的PSE标志，333种B类产品应取得圆形PSE标志。

日本对光生物安全的研究跟进也是非常积极的，早在2002年就由其非营利组织LED照明推进协会(JLEDS)策划对市售的炮弹型6种颜色LED的生物安全性危害进行测试评价。2009年，又组织对COB(Chip on Board)型LED以及高功率型LED商品的生物安全性危害进行测试评价，其评价报告《LED生物安全性调查报告书》在JLEDS内部发布并使用。报告书对日本2002年至2009年期间生产的LED光源有如下总结结论：从LED光源的构造与发光原理来看，其与传统照明光源相比，对视网膜的危害性很大，调查结果证实炮弹型LED、COB型LED、高功率型LED在各类伤害类别中，只有蓝光会对视网膜造成一级或二级(RG-1或RG-2)危害。而且蓝光的视网膜危害与LED光源的亮度成正比，若LED光源的形状和尺寸不变，光通量增大，亮度值就会变大，蓝光的视网膜危害就会增大。

身为全球最大LED产值国的日本，近年来非常重视照明用白光LED标准化的推动，2004年出版了由各大LED及照明业者结合，由日本照明学会(JIES)、日本照明委员会(JCIE)、日本照明器具工业会(JIL)、日本电球工业会(JEL)等四大团体联合制订的共同标准规范《照明用白光LED测光方法通则》，详细制订了标准白光LED的规格，并以标准LED作为测量的比较标准，随后2006年推出修订版。此外，JCIE成立了LED光源生物体安全性研究小组,并且发表《LED 光源之生物安全性规格化报告》与《照明用白光 LED 安全性要求事项》,在其推动下,《照明用白光 LED 测光方法通则》及《照明用白光 LED 安全性要求事项》于 2007 年成为日本工业标准(JIS)及标准规格文件(TS)。随后,日本成立了 JLEDS 照明推进协议会,进一步开展 LED 业者和研究机构的整合工作,同时对芯片制作技术、可靠度、散热、光学特性、特殊照明应用领域进行更深入的研究,期望能进一步提高日本的 LED 技术和生产水平。

在日本,由日本工业标准调查局在 2010 年组织了对灯和灯系统的光生物安全性的 JIS 标准制定,并由日本规格协会在 2011 年发布了 JIS C 7550-2011《灯及灯系统的光生物安全性》标准,并于 2014 年追加了修订件 A1。该标准系修改采用 IEC 62471 国际标准,其技术内容等同于 IEC 62471,但整个标准结构根据日本的习惯进行了大幅度的调整,另外术语定义等方面的文字描述也根据日本的理解进行了修改和重新定义,同时也增加了部分术语和定义。鉴于目前标准光源的计量只能到 2500nm 波长,以及认为 2500～3000nm 这段波长范围内,灯和灯系统的光辐射危害风险相对小,因此在 JIS 标准里,仅考虑了 200～2500nm 波长范围内光学辐射的光生物危害的评估和控制。其次,该标准对结果报告也从标准光源的信息、测量结果的输出,以及结果判定 3 方面有比较详细的规定。另外,在标准的事项说明部分,针对光生物安全性的国际标准及法律法规相关遵从方面,提出 3 条标准使用各方需注意的事项:

(1) 在 IEC 60950-1:2005《信息技术设备的安全性》中,对 LED 产品的评价应符合 IEC 60825 的要求,但在 IEC 60950-1Amd. 1:2009 中已修订为要符合 IEC 62471 的要求,因此要预计到将来类似信息技术等产品在内的许多产品可能会从 IEC 60825 中移出,转到 IEC 62471 中;

(2) 在标准中明确规定 LED 球泡灯、圣诞灯用 LED 模块等产品在进行 CB 认证时,要符合 IECEE 的要求,涵盖光生物安全性的检测;

(3) 在标准中明确规定,进行欧盟 CE 认证时要注意遵从欧盟的法律法规要求。

2.5.4.2 标准差异与应用

日本的 JIS C 6802（即 J60825-1）激光产品的安全标准，其 2005 版标准规定适用 LED 产品，2011 版标准规定 LED 产品的光生物安全适用 JIS C 7550-2011。该标准除了分类与欧盟标准有所出入外，其他许多要求和 EN 60825-1 类似。JIS C 8154：2009《普通照明用 LED 模块-安全规范》第 7.1 条规定了对眼睛保护标记，参考了 IEC 62471《灯类产品的光生物安全》的第 6 条“灯分类的规定”。

JIS C 7550 修改采用 IEC 62471，但未列入强制性认证要求内。差异点如表 2-13 所示。

表 2-13　IEC 62471、GB/T 20145 与 JIS C 7550 的差异

项　目	IEC 62471：2006 、GB/T 20145-2006	JIS C 7550-2011
波长范围	200～3000nm	200～2500nm
皮肤热危害	标准规定限值为 $20000t^{0.25}$ J/m²（$t\leqslant$ 10s），波长范围 380～3000nm	仅在附录 JC 中以参考内容出现，波长范围 380～2500nm
测量方法	在附录 B 中以参考内容出现，包括仪器、仪器限制、定标光源，未规定具体设备	标准中规定了试验装置要求，包括辐射照度计、辐射亮度计等的具体要求
光谱辐射照度测量方法	给出辐射照度测量示意图	清晰明确列明方法； 增加了视角和公式等内容
光谱辐射亮度测量方法	分为标准方法和替代方法两种	清晰明确列明方法； 增加了光源的形状和公式
一般照明用光源的简易测定方法	无	规定了一般照明用光源的简易测定方法
试验结果报告	未明确规定	规定了试验结果报告的具体内容

续　表

项　目	IEC 62471:2006 、GB/T 20145-2006	JIS C 7550-2011
对应国际标准及相关法律法规要求的说明	未明确规定	1. 标准提醒，标准使用各方要预计将来类似信息技术等产品在内的很多产品可能会从 IEC 60825 中移出，转到 IEC 62471 中； 2. 在标准中明确规定 LED 球泡灯、节日灯用 LED 模块等产品在进行 CB 认证时，要符合 IECEE 的要求，涵盖光生物性的检测； 3. 在标准中明确规定，进行欧盟 CE 认证时，要注意遵从欧盟的法律法规要求

2.5.5　韩　国

2.5.5.1　法律体系与标准

在韩国，新的安全认证体系已经取代了韩国政府监管的审批系统。1999 年 9 月 7 日发布的 6019 号韩国电器安全控制法案，不仅强化了对电器产品的制造、使用过程的安全控制，还协调了韩国安规要求，使其与国际安全标准统一，例如，与国际电工标准、国际标准组织或国际电工委员会的指导原则保持一致。该安全认证体系是为杜绝电器产品造成的电击、火灾、机械危险、烫伤、辐射、化学等危害而设立，它一方面照顾了电器产品安全管理的实用性，避免了消费者用电危险；另一方面又整体完善了电器产品安全管理机制(例如电器安全适用标准及检测程序)，从而有效地应对了国际化带来的影响。新的安全体系认证还规定，凡是在电器安全控制法案中阐明的电器产品必须进行产品检测以保证安全。同时，检测机构必须对产品生产商进行定期的工厂审查来确保产品安全一致性。

韩国的安全认证体系采用 KS 安全标志，KS 标志认证是指对能够持续、稳定生产韩国工业标准(Korean Industrial Standards，KS)水平以上产品的企业，进行严格的审核，使其能够加贴 KS 标志的国家认证制度。KC

标志认证是韩国技术标准院(KATS)于 2009 年 1 月 1 日开始实行新的认证系统 KC(Korea Certification)认证,对于电子和电器产品强制使用 KC 标志,由新 KC 标志替代原来的 EK 标志。KC Mark Certification Products List(KC 认证产品目录)根据《韩国电气用品安全管理法》规定,自 2009 年 1 月 1 日起电气产品安全认证分为强制性认证及自律(自愿)性认证两种。

韩国 LED 照明标准发展速度较快,近年来在标准制修订方面也有所突破,2009 年集中出台了一批有关 LED 照明产业标准,如 KSC IEC 62031-2008、KSC IEC 61347-2-13、KSC IEC 62384-2008、KSC 7654 等系列标准,其中规定了部分光生物安全的要求,但无与 IEC 62471 标准相配套的韩国国家标准。

2.5.5.2 标准差异与应用

在韩国,目前因无自己相应的 KSC 标准,因此直接采纳使用 IEC 62471 标准开展光生物安全检测。在 KS 和 KC 认证中,仅符合 KSC7654 标准的移动性灯具在 KS 认证中需进行光生物安全要求检测,其他类别产品无强制性要求,如客户有需求时可以作为附加测试。

2.5.6 澳大利亚和新西兰

2.5.6.1 法律体系与标准

澳大利亚是联邦制国家,无论联邦还是各州(地区)都有各自的议会和独立的法律体系。在工作场所方面,有关职业安全与健康方面的法律法规的立法和执法由各州(地区)负责。虽然各州(地区)在职业安全与健康方面的法律法规不完全相同,但与美国、加拿大等联邦国家的各州(省)相比,澳大利亚联邦和各州(地区)法律法规体系近乎一样。

澳大利亚职业安全与健康法律框架由法律、法规及其支持性材料(如实施规范和标准等)构成。职业安全与健康法律(Act 或 Statute)由议会制定,并由政府部门强制实施。安全与健康法规则根据管辖职业安全与健康的主体法律制定,但法规通常管辖某类安全与健康方面的事务,如危险品管理或特种设备。违犯法律和法规是违法行为,可以被处以罚款、责令改进或禁止、监禁。

关于标准，有两种涉及安全与健康的标准来源。一种是由澳大利亚国家职业安全与健康委员会与各州(地区)职业安全与健康管理机构、工会和雇主协会协商后制定和颁布的国家标准(National Standards)，同实施规范一样，在涉及特殊工作场所的危险方面，国家委员会牵头制定并颁布国家标准，国家标准提出工作场所职业安全与健康的最低要求。国家标准不是法律，本身不具有强制性，只有由州(地区)在其法规中采纳后才具有强制性。通常，各州(地区)均在其职业安全与健康法律法规中予以采纳(但可能全部或部分采纳，有所差别)。另一种则是由澳大利亚标准机构制定的澳大利亚标准(Australian Standards, AS)。澳大利亚标准与国家标准的区别是，国家标准规范往往规定的是工作场所的安全与健康问题，而澳大利亚标准主要提供技术和设计规范，有些也涉及安全与健康方面。澳大利亚具有非常强大的 AS 标准体系，澳大利亚国际标准有限公司 30 个标准部下设的 1700 个技术委员会负责组织制定标准，每年就可以制定约 300～400 个国家标准，旨在满足澳大利亚服务及提高经济效益和国家安全、环保等需要。目前，已有 2400 多个国家标准被澳大利亚联邦和各州(地区)法律法规所引用。“行业标准”(Industry Specific Standards)和“行业实施规范”由有关雇主协会、工会和相关产业共同制定，国家职业安全与健康委员会提供“国家指南解释”(National Guidance Notes)，各州(地区)制定适合本州(地区)的有关指南或解释。行业标准和行业实施规范通常针对某一行业涉及安全与健康的共性问题，只适用于特定行业，而国家指南解释则适用全澳大利亚。行业标准、行业实施规范和国家指南解释没有法律效力，但在缺乏更好选择的情况下，应优先选用行业标准、行业实施规范或国家指南解释。

澳大利亚的标准机构为 Standards Australia International Limited，其前身是 1992 年成立的 Australian Commonwealth Engineering Standards Association，1929 年改为 Standards Association of Australian，简称 SAA，作为标准制定机构，SAA 从没有颁发过产品认证证书。SAA 于 1988 年又改名为 Standards Australia，1999 年由协会改为有限公司，称为 Standards

Australia International Limited。SAA 是一个独立的公司，与政府没有直接的关系，尽管它其中的成员有的来自联邦政府和州政府。但是任何一个国家对技术基础设施建设都是非常重视的，所以 SAA 意识到其与政府的密切合作也是非常必要的。为了确保这点，自 1988 年开始，SAA 和联邦政府之间有一个理解备忘录，承认 SAA 是澳大利亚的非政府标准机构的最高组织，备忘录指出，标准的制定要与 WTO 的要求一致，为此，有协议指出当合适的国际标准已存在时，就不用制定新的澳大利亚标准。

澳大利亚的标准以"AS"开头，澳大利亚与新西兰的联合标准为"AS/NZS"标准。澳大利亚的标准与新西兰的标准基本与 IEC 一致(目前澳大利亚的标准有 33.3%完全与国家标准一致)，但存在一些国家差异，如由于所处的地理位置，某些产品的标准(如风扇)规定必须按热带气候来考虑。澳大利亚和新西兰推行标准的统一和认证的相互认可，产品只要取得一个国家的认证后就可在另外一个国家销售。

澳大利亚没有统一的安全认证标志，各个州或地区都先后以立法的形式规定了对电器产品的管理方法。虽然名称及颁布的日期不尽相同，各个州或地区关于电气安全立法的内容基本一致。电气产品分为管制类电气产品(prescribed product)和非管制类电气产品(Non-prescribed product)。管制类电气产品根据 AS/NZS 4417.2 的划分，包含电热设备、制冷设备、电动工具、零部件等。目录在相关政府的公报上公布，并根据实际情况增加。昆士兰州、新南威尔士州及维多利亚州在认证进程中最为活跃，以昆士兰州为例，电力法(the electricity Act 1994)宣布了电器认证、销售及使用的详细规定。

目前澳大利亚和新西兰正在引入 RCM 标志(Regulatory Compliance Mark)，以实现电气产品的统一标识，该标志是澳大利亚与新西兰的监管机构拥有的商标，表示产品同时符合安规和 EMC 要求，是非强制性的。在产品取得安全认证和电磁兼容注册后，可通过颁发安全认证的监管机构或"RCM Registrar" (Standards Australia)申请使用 RCM 标志。

2.5.6.2 标准差异与应用

澳大利亚采用 IEC 62471:2006《灯和灯系统的光生物安全性》标准，在进行 SAA 认证时不作为强制性要求。

新西兰无光生物安全相关法律法规或标准要求。

2.5.7　俄罗斯

2.5.7.1　法律体系与标准

俄罗斯国内有 16 个强制认证体系，其中最主要的强制认证体系是俄罗斯国家标准认证体系。俄罗斯国家标准认证体系（GOST R）是由俄罗斯国家标准计量认证委员会（Gosstandart）根据俄罗斯联邦《产品和服务认证法》、《技术调控法》等联邦法令的授权而建立的。俄罗斯联邦《产品和服务认证法》规定了两种类型的认证——强制认证和自愿认证。在俄罗斯市场销售的产品，根据其性质的不同可能需要一种或多种认证要求。目前为止，根据俄罗斯联邦法律的规定，目前有 16 种强制认证体系，如 GOST R 认证、防火安全认证、卫生认证、植物管理、环保（臭氧）、建筑和建筑师管理、电信、军事、警察等认证体系。对于电子类产品，主要涉及 GOST R 认证，卫生认证体系，防火认证体系和通信产品认证这 4 种强制性的认证/许可要求。

2.5.7.2　标准差异与应用

俄罗斯采用 IEC 62471:2006《灯和灯系统的光生物安全性》标准，在进行 GOST R 认证时不作为强制性要求。

2.5.8　北　欧

2.5.8.1　法律体系与标准

北欧四国是指挪威、瑞典、芬兰、丹麦，该四国的认证机构之间签订了协议，互相认可，只要制造商的产品获得北欧四国中任何一个国家的认证证书，制造商不需要再提供认证产品进行检测就可以轻易地取得其他三国的证书。

北欧四国认证分别是指 NEMKO（挪威电器标准协会）、SEMKO（瑞典电器标准协会）、DEMKO（丹麦电器标准协会）和 FIMKO（芬兰电器标准协会)认证。其中,具有 NEMKO 标志代表该产品经过了挪威认证的一系列安全测试,以确保产品能经受住物理损耗、燃烧和电子冲击。NEMKO 标志在评测后 10 年内有效,过了有效期则必须重新进行测试。具有 SEMKO 标志说明该产品与欧洲标准一致。认证的产品范围包括家用电器、家用机械、体育运动品、家用电子设备、电气及电子办公设备、工业机械、实验测量设备、其他与安全有关的产品。

芬兰电气检测所(Elelctrical lnspectorate,SETI)认可 CB 证书及其附件、包括芬兰国家差异的测试报告,发证前需要工厂检查(一般不需要事后工厂监督检查),对产品实行抽样监督复查,FI-Mark 标志包含 IEC 安全标准的内容和 CTSPR 出版物的要求,FI-Mark 标志对于 CB 体系所包括的电工产品是强制性的。

丹麦电气设备批准局(DEMKO)认可 CB 证书及其附件、包括丹麦国家差异的测试报告,不需要发证前的工厂检查,对产品实行抽样监督复查,除非因故提前取消,证书 10 年内有效,在产品投入市场 8 天内向 DEMKO 进行注册,这是强制性的。

挪威电气设备检验批准委员会(NEMKO)认可 CB 证书及其附件、包括挪威国家差异的测试报告,不需要进行工厂检查,在挪威市场采用强制性登记注册制度,实行市场抽样监督,除非因故提前取消,证书 10 年内有效,NEMKO 标志是认可标志,自愿检测制度正在替代强制性检测,N-Mark 标志还包括 IEC 安全标准以外的内容:无线电干扰。

瑞典电气设备检验和批准协会(SEMKO)认可 CB 证件、报告及其附件与包括瑞典国家差异的测试报告,目前仅对 1 类电线组件及软线盘进行工厂检查及跟踪监督检查,除非因故提前取消,证书 10 年内有效,CB 体系内的产品必须强制性地登记注册,除非产品仅供专业使用,S 标志包括广义的安全,例如:包括射线和激光。

2.5.8.2 标准差异与应用

北欧采用 IEC 62471:2006《灯和灯系统的光生物安全性》标准。在进行北欧四国认证时不作为强制性要求。

2.5.9 沙特阿拉伯

2.5.9.1 法律体系与标准

沙特阿拉伯商业工业部发布了关于设计用于低压范围的电器(交流 50～1000V,直流 75～1500V)的合格评定技术法规 No.(3)。为了实现关税联盟、进口货物/产品申报联盟和当地的生产/制造,海湾标准化组织(GSO)制定了在海湾合作委员会区域的合格评定计划。该技术法规设计用于(交流 50～1000V,直流 75～1500V)低压电器。包括了关于低压设备的定义和基本要求(通用要求、防止电气设备引起的危险、防止可能由电气设备外部电磁感应造成的危险、标志和用法说明书),在附件中同样还包括了合格评定程序和相关的标准。

沙特在进口商品质量检测方面甚为严格,基本采用西方标准,并由进口商向沙特标准局(SASO)出示进口商品的详细成分报告。沙特政府经常以某些西方国家限制进口其他国家某些商品为由,采取临时限制进口措施。同时,在新产品进入市场时,沙特在卫生检验、商业注册等方面等要求也很繁杂,为外国公司和产品的进入设置一些非关税壁垒。

国际符合性认证计划(ICCP)是由沙特阿拉伯标准组织(SASO)自 1995 年起率先执行的一项对规定产品进行包含符合性评定、装船前验货及认证的综合计划,以保证进口的商品出运前能全面符合沙特的产品标准。而从 2003 年 3 月 17 日起,科威特的工业管理局(PAI)已开始实施 ICCP 计划,大部分的家用电器、音响产品和照明产品都在 ICCP 的范围内。另外,阿联酋也于 2003 年 5 月 31 日起开始执行 ICCP 计划。ICCP 计划为出口商或制造商获得 COC 证书提供了 3 种途径,客户可根据自己产品的性质、符合标准的程度,以及出货的频繁程度选择最适宜的方式。COC 证书由 SASO 授权的 SASO Country Office(SCO)或由 PAI 授权的 PAI Country Office(PCO)办理签发。

2.5.9.2 标准差异与应用

沙特阿拉伯采用 IEC 62471:2006《灯和灯系统的光生物安全性》标准,

在进行 SASO 认证时不作为强制性要求。另外 SASO 1318—1997 第 4 章规定了紫外辐射的要求，规定使用金属卤化物的灯具，不能发射出过多的辐射，其发射出的紫外线辐射需要有防护措施的，应该装一个适当的防护罩，并给出了附录 P 中的程序 A 或程序 B 来得到有效辐射防护计算。

2.5.10 其他中东国家

2.5.10.1 法律体系与标准

其他中东国家采用 IEC 62471：2006《灯和灯系统的光生物安全性》标准。

2.5.10.2 标准差异与应用

采用 IEC 62471：2006《灯和灯系统的光生物安全性》标准。未将 IEC 62471 列入强制性要求。

2.5.11 各国光生物要求汇总

以上部分列出了世界主要国家和地区的光生物安全相关要求，可以看出，对于光生物安全有完整标准要求的主要为中国、欧盟、美国、日本，以及采用 IEC 标准的国家。从这些主要国家地区的光生物安全要求分析来看，目前执行的完整光生物标准要求主要为 IEC 62471：2006＋IEC/TR 62471-2：2009、EN 62471：2008、GB/T 20145-2006、JISC 7550-2011、ANSI/IES-NA RP-27，以上 5 个标准的内容从整体来说都是将光学辐射按照曝露限值进行划分并分级，以及在分级后规定不同的警告标记要求。

为了方便政府、检测机构及生产企业正确使用各国的法律法规、标准，本书编写组在全面研究了与中国有外贸往来的国家的光生物安全法律法规、标准的基础上，特别以表格的方式编辑了表 2-14《国内外光生物安全标准及应用情况汇总表》，方便使用者快速查找。

表 2-14 国内外光生物安全标准及应用情况汇总

国家/地区	标 准	与 IEC 62471 标准的差异	应用情况
中国	GB/T 20145-2006《灯和灯系统的光生物安全性》	等同于 IEC 62471:2006,无差异	照明电器产品按不同类别要求进行 CCC 强制性认证或 CQC 自愿性认证,认证机构对于 LED 照明产品规定必须有光生物检测报告或制造商的自我申明,以此来规范 LED 照明产品的光生物安全等级或风险
欧盟	EN 62471:2008《灯和灯系统的光生物安全》	与 IEC 62471:2006 的差异:波长范围:180～3000nm;紫外危害加权函数测量间隔:1nm 间隔;蓝光小光源限值:无危害类限值 0.01 W/m^{-2}、中度危害限值 400W/m^{-2};视网膜热的微弱的视觉刺激限值:在 $0.011\leqslant\alpha\leqslant 0.1$ 视场角时与 IEC 62471 标准一致,在 $0.0017\leqslant\alpha\leqslant 0.011$ 视场角时无危害和低危害限值 545000W/(m^2 · sr),中度危害限值 2560000W/(m^2 · sr)	CE 标识(CE Marking)是产品进入欧盟境内销售的通行证。所有照明电器产品进入欧洲市场必须满足 CE 指令的所有相关要求,EU Directive 2006/25/EC 人造光源辐射指令被 EU 2006/95/EC 低压指令所涵盖,因此光生物安全性检测为强制性要求

续 表

国家/地区	标 准	与 IEC 62471 标准的差异	应用情况
美国	ANSI/IESNA RP-27.1《灯和灯系统的光生物安全实施规程 一般要求》、ANSI/IESNA RP-27.2《灯和灯系统的光生物安全性 测量技术》、ANSI/IESNA RP-27.3《灯和灯系统的光生物安全实施规程 危害等级分类和标签》	与 IEC 62471:2006 差异：蓝光小光源限值：无危害类限值 1.0W/m^{-2}、中度危害限值 9.0W/m^{-2}，其余同 IEC 62471	美国能源部认为，同色温的 LED 产品，和其他技术类型的照明光源相比，不会产生更多的危害。并且根据现有的国际标准来看，普通照明用白光 LED 不被认为有蓝光危害。因此对于光生物安全的要求是自愿性的
日本	JIS C 7550《灯和灯系统的光生物安全性》	波长范围：200～2500nm；皮肤热危害作为附录参考，波长范围 380～2500nm；规定了试验装置要求，包括辐射照度计、辐射亮度计等的具体要求；光谱辐射照度测量方法增加了视角和公式等内容；光谱辐射亮度测量方法增加了光源的形状和公式；规定了一般照明用光源的简易测定方法；规定了试验结果报告的内容	照明电器产品属于日本 PSE 认证目录，在 PSE 认证中，JIS C 7550 的要求目前还未被列入强制要求内。 但在 JIS C 7550 标准里对今后的 LED 产品光生物安全性有 3 条提醒事项： (1)要预计将来类似信息技术等产品在内的很多产品可能会从 IEC 60825 中移出，转到 IEC 62471 中； (2)LED 球泡灯、节日灯用 LED 模块等产品在进行 CB 认证时，要符合 IECEE 的要求，涵盖光生物性的检测； (3)进行欧盟 CE 认证时，要注意遵从欧盟的法律法规要求

续　表

国家/地区	标　准	与 IEC 62471 标准的差异	应用情况
韩国	无本国标准，直接采用 IEC 62471：2006《灯和灯系统的光生物安全》	无差异	无相应的 KSC 标准，因此直接采纳使用 IEC 62471 标准开展光生物安全检测。在 KS 和 KC 认证中，仅符合 KSC 7654 标准的移动性灯具在 KS 认证中需进行光生物安全要求检测，其他类别产品无强制性要求，如客户有需求时可以作为附加测试
澳大利亚	无本国标准，直接采用 IEC 62471：2006《灯和灯系统的光生物安全》	无差异	在进行 SAA 认证时不作为强制性要求
新西兰	无光生物安全相关法律法规或标准要求，也未采用相关国际标准	/	未应用
俄罗斯	无本国标准，直接采用 IEC 62471：2006《灯和灯系统的光生物安全》	无差异	在进行 GOST R 认证时不作为强制性要求
北欧	无本国标准，直接采用 IEC 62471：2006《灯和灯系统的光生物安全》	无差异	在进行北欧四国认证时不作为强制性要求

续 表

国家/地区	标 准	与 IEC 62471 标准的差异	应用情况
沙特阿拉伯	无本国标准，直接采用 IEC 62471：2006《灯和灯系统的光生物安全》	无差异	在进行 SASO 认证时不作为强制性要求
其他中东国家	无本国标准，直接采用 IEC 62471：2006《灯和灯系统的光生物安全》	无差异	未将 IEC 62471 列入强制性要求

第 3 章　光生物安全检测

光辐射是电磁辐射的重要组成部分，光辐射危害对人类的健康威胁尤其明显，在一些光源或灯具发出的光谱中，紫外线、红外线、可见光等光辐射如果没有被有效地控制利用，人体过多地吸收的光辐射能量会使眼睛和皮肤受到不同程度的损伤。而导致这些光辐射被过量吸收的原因往往是由于产品的制造不符合设计要求、生产工艺的不规范和产品的不合理使用引起，如生产过程工艺失控，产品结构设计不合理，过度进行二次光源设计以及没有引导消费者正确地使用光源和灯具产品等，都是导致人体遭受光辐射危险的源头。光生物安全概念的提出就是想通过对光辐射量值的准确测量和判定，评估人们在正常使用各类灯和灯系统时光辐射有可能对人体造成的伤害程度，提醒消费者在特定的距离下安全使用灯和灯系统，从而将光辐射的风险降到最低。

3.1　概　述

从测量的角度分析，对灯和灯系统的光辐射危害评估、测量和控制比单一波长激光系统的测量更为复杂和困难。灯和灯系统的光辐射危害考核的量值不是一个简单的点光源，而是一个宽波段非相干光源，其光谱分布特性可能受辅助光学元件、漫射体、透镜以及类似的装置和操作条件的影响而改变。

为了评估一个宽波段光源，例如弧光灯、白炽灯、荧光灯或灯系统，首先需要确定距离人体最接近的一个或多个点上由光源发出的辐射光谱分布，对灯系统来说，辐射光谱分布由于光路中光学元件的影响，例如投影物镜的过滤等,可能与仅由灯自身发出的辐射光谱分布不同;其次,光源的尺寸或投影的尺寸必须在视网膜危害光谱区加以说明;再者,可能有必要确定辐照度和有效辐亮度与距离的变化关系。因此,在没有使用精密仪器的情况下,进行光辐射量值的准确测量不是件容易的事。

3.2 危害分类

3.2.1 按对人体的伤害划分

光生物危害按照对人体的伤害划分为对眼睛的危害和对皮肤的危害。对眼睛的危害主要有光化学紫外危害、蓝光小光源危害、眼睛的近紫外危害、眼睛的红外辐射危害、视网膜蓝光危害、视网膜热危害、视网膜热微弱危害。对皮肤的危害主要指皮肤热危害。

光辐射对眼睛造成的伤害主要有白内障、结膜炎、角膜炎、视网膜炎、前房水分蒸发、角膜灼伤等;对皮肤造成的伤害主要有红斑、弹性组织变性、灼伤甚至皮肤癌等。

3.2.2 按波长划分

光生物危害按照波长范围可以划分为可见光产生的辐射危害和不可见光(紫外线和红外线)产生的辐射危害。不同波段的光与可能产生的危害的关系如下:

波长范围 200～400nm:光化学紫外危害;

波长范围 315～400nm:眼睛的近紫外危害;

波长范围 300～700nm:蓝光危害;

波长范围 300～700nm:蓝光小光源危害;

波长范围 380～1400nm:视网膜热危害;

波长范围 780～1400nm:视网膜热微弱危害;

波长范围 780～3000nm:眼睛的红外辐射危害;

波长范围 380～3000nm：皮肤热危害。

3.2.3　按不同类型光源划分

光生物安全评价的灯和灯系统涉及的光源包括普通照明光源和其他光源，如脉冲灯。

普通照明光源是指我们日常生活中使用的用于照亮空间的光源，例如用于办公室、学校、家庭、工厂、道路或汽车照明的光源，像白炽灯、节能灯等都属于普通照明光源；其他光源即指除普通照明光源以外的光源，例如用于电影放映、复印、工业加工、医疗等方面的光源；这类光源往往都有特殊用途，其中最特别的为脉冲灯，脉冲灯指以单个脉冲或一系列脉冲的形式释放能量的灯，每一个脉冲的宽度小于 0.25s，发射连续的脉冲系列或调制辐射能量的灯，其峰值辐射能量至少是平均辐射能量的 10 倍以上。常见的脉冲灯有照相闪光灯、复印机中的闪光灯、脉冲调制 LED 灯和频闪灯。其中灯的脉冲宽度是指脉冲沿能量上升达到一半这一点与脉冲下降到一半这一点之间的时间间隔。

对于普通照明光源和其他光源，以及较特殊的脉冲灯，如果使用不当会造成对生物体的各种伤害：

(1)普通照明光源

普通照明光源如白炽灯、荧光灯和近几年被人们广泛使用的 LED 光源都有可能对人的眼睛和皮肤造成伤害，如皮肤和眼睛的光化学危害、视网膜蓝光危害、眼睛的近紫外危害、视网膜热危害和皮肤热危害等。与皮肤相比更容易受到伤害的是眼睛，一方面眼睛是最主要的感光器官，当人们长时间盯着光源的时候，容易造成眼部肌肉紧张，供血不足，导致眼睛疲劳，严重的时候甚至会产生视网膜脱落或者引起白内障的发生；另一方面高亮度的亮白光通过第三类感光细胞作用会抑制褪黑素的分泌，影响人体睡眠，增加其他疾病的发生概率，影响人的生物节律。

(2)其他光源

在日常生活中也经常遇到一些特殊的光源，如医院使用的紫外杀菌灯、美容美甲使用的紫外线美甲灯，人体长时间接触紫外线，皮肤细胞会被紫外线破坏，导致出现皱纹、色斑，从而使皮肤未老先衰，严重时会产生日光性皮炎、晒伤或出现皮肤和黏膜的日光性角化症，引起癌变；眼睛是紫外线的敏感器官，紫外线易对晶状体造成损伤，这是老年性白内障致病的因素之一。

(3)脉冲灯

相机的闪光灯是一种典型的脉冲灯，它会对眼睛造成一定的刺激并产生不适感，尤其是对还没有发育成熟的婴幼儿眼睛刺激更大。闪光灯在一瞬间具有的强大刺激作用会损伤视网膜，因此 1 岁以内的幼儿不可以直视闪光灯。

3.3 检测要求

3.3.1 检测基础知识

光生物安全标准体系中的评价指标归根结底主要为两个量，一个是辐射照度，一个是辐射亮度。用辐射照度评价的指标包括光化学紫外危害、蓝光小光源危害、眼睛的近紫外危害、眼睛的红外辐射危害、皮肤热危害；用辐射亮度评价的指标包括视网膜蓝光危害、视网膜热危害、视网膜热微弱危害。为了得出这两个量值，检测过程中还涉及其他一些参数指标的测量：

(1)发光光谱

复色光经过色散系统(如棱镜、光栅)分光后，被色散分开的单色光按波长(或频率)大小依次排列的图案，全称为光学频谱，即发光光谱。国际社会将所有非相干宽波段电光源在 200～3000nm 波长范围内的光学辐射列入光生物安全考核范围内，而欧盟 EN 标准则将范围扩大到 180～3000nm。

(2)光照度

光照度可以用照度计直接测量，它表示被射主体表面单位面积上受到的光通量，单位为 lx 或 lux。1lx 相当于 1lm/m^2，即被射主体每平方米的面积上，受到距离 1 米、发光强度为 1 烛光的光源垂直照射的光通量。光照度是衡量光照的强弱和物体表面积被照明程度的一个重要指标。

（3）辐射照度

辐射照度是指投射到包含该点的面元上的辐射通量，单位为 W/m^2。辐射照度是一个放射源向平面状物体照射时，每单位面积所得到的放射束数量的物理量。

（4）光亮度

光亮度是指经过给定点的光束元在包含给定方向的立体角内传播的光通量，单位为 cd/m^2。光亮度是人对光的强度的感受，对于漫散射面，尽管各个方向上的光强和光通量不同，但各个方向上的亮度都是相等的，电视机的荧光屏就近似于这样的漫散射面，所以从各个方向上观看图像都有相同的亮度感。

（5）辐射亮度

辐射亮度是指经过给定点的辐射束元在包含给定方向的立体角元传播的辐射通量，单位为 $W/(m^2 \cdot sr)$。辐射亮度表示面辐射源上某点在一定方向上的辐射强弱的物理量。

（6）光生物危害加权函数

国际非电离辐射防护委员会（ICNIRP）制定了非相干光源辐射曝辐限值的相关导则，光辐射安全基础都来自于 ICNIRP 的相关导则。导则中包括了基础的危害加权函数、测量参数、辐射时间等具体参数，该类导则是随着实验成果的积累而不断更新的，因此能更好地符合光辐射安全要求。光生物安全测量中所用到的危害加权函数有光化学危害加权函数、蓝光危害加权函数、视网膜热危害加权函数、灼伤危害加权函数。这些危害加权函数用于加权积分计算光谱加权辐照度或加权辐亮度。

（7）表观光源

表观光源是指对于一个给定的视网膜危害评价位置，在视网膜上形成最小影像的实际发光体或虚发光体（考虑到人眼适应性调节范围）。表观光源的定义用于在给定的评价位置，确定波长范围在 380～1400nm 的表观原始位置，在消除发散的极限情况下，表观位置趋于无穷大。

(8)视角

视角是物体或细节对应于观测点所形成的角，单位为 rad。可视点光源在视网膜上的视场角会发生变化。国际社会目前采用 3 个不同测量视角(100mrad、11mrad、1.7mrad)进行评估。国际上根据模拟人眼瞳的情况拟将 3 个视角改成 110mrad、11mrad、1.5mrad。

(9)对边角

对边角是指由可视光源对应于观察者的眼睛或测量点形成的视角，单位为 rad。反射镜和透镜通常会改变对边角，也就是说，视见光源的对边角不同于实际光源的对边角。

(10)辐射距离

辐射距离是指人受灯和灯系统辐射的最近点的距离，单位为 m。对于向空间各方向辐射的灯，这个距离从灯丝或弧光灯的中心开始测量；对于带有透镜的反射型灯，这个距离从透镜的外侧边缘开始测量；对于没有透镜的反射型灯，这个距离从反射器的端面开始测量。

3.3.2 检测项目

光生物安全标准体系中的 8 项评价指标由两个测量量值进行评估，一个是辐射照度，另一个是辐射亮度。辐射照度的检测相对比较容易，可以直接用辐照度测量仪器实现测量。辐射亮度则无法进行直接测量，因为人眼类似一个极其精密和复杂的光学系统，人眼观察物体的过程及物体在视网膜上的成像非常特殊，研究表明视网膜上的有效辐射照度与光源的有效辐射亮度有关，因此可以采用模拟人眼成像的成像仪和光谱仪相结合来测量辐射亮度，从而评价光辐射对视网膜造成的危害。

3.3.2.1 辐射照度

辐射照度是指投射到包含该点的面元上的辐射通量。单位：W/m^2。计算公式如下：

$$E=\frac{d\phi}{dA}$$

辐射照度是一个放射源向平面状物体照射时，每单位面积所得到的放射束数量的物理量。

3.3.2.2　辐射照度测量

一个理想的辐射照度测量仪器应包括一个直径为 D 的圆形平面探测器，且能够满足信噪比的要求。IEC 62471 标准要求规定，输入孔径的最小直径为 7mm，最大直径为 50mm；推荐在小积分球上开一个 25mm 的平面圆孔作为单色仪的输入。对于空间均匀的光辐射模型源，建议使用直径为 25mm 的孔径；对于空间辐射不均匀的光辐射模型源，例如窄光束反射器灯，探测器孔径直径应限制为 7mm。辐射照度测量示意见图 3-1，测量在能够给出最大读数的位置进行。仪器应当被定标，并能够得到单位接收面积上的入射辐射功率。

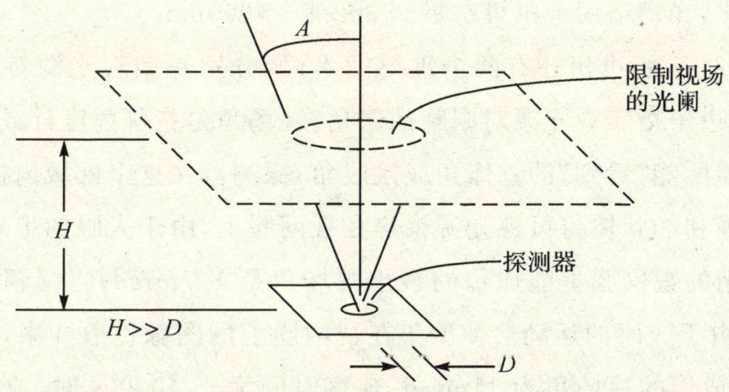

图 3-1　辐射照度测量示意

3.3.2.3　辐射亮度

辐射亮度是实际的或假想的表面上的给定点在给定方向上由以下公式定义的量：

$$L=\frac{\mathrm{d}\phi}{\mathrm{d}A\cdot\cos\theta\cdot\mathrm{d}\Omega}$$

式中：$\mathrm{d}\phi$ 是经过给定点的辐射束元在包含给定方向的立体角元 $\mathrm{d}\Omega$ 内传播的辐射通量（单位：$\mathrm{W/(m^2\cdot sr)}$）；$\mathrm{d}A$ 是包含给定点的该辐射束的截面面

积，θ是截面法线与辐射束方向之间的夹角。

辐射亮度是表示面辐射源上某点在一定方向上的辐射强弱的物理量。

3.3.2.4 辐射亮度测量

辐射亮度的测量要在指定视场下进行，而视场与曝辐时间相关，这一特点是由人眼生理结构所决定的。另外，用于评价光生物安全的辐射亮度是经过加权后的有效光谱辐亮度，由于每个波长的当量并不一致，因此要测量出每一个波长的辐射亮度，然后进行加权计算才得出有效光谱辐亮度。

与辐射亮度测量直接相关的为表观光源，根据 IEC 62471 标准的定义，表观光源是指能在视网膜上形成最小影像的实际发光体或虚发光体。表观意指虚发光体的情况，其定义用于确定 380～1400nm 波长范围内照明产品辐射的表观光源位置，如果假设眼睛的适应性调节范围在 100mm 到无穷大之间变化，光谱适用范围可扩展到 302.5～4000nm。

IEC 62471 标准里还有两个重要的术语，分别是表观光源对边角 α 和视场角，对边角指表观光源对眼睛的张角，视场角是指辐射度计或光谱辐射计等探测器所能“看到”的立体角或接收角，探测器在这个区域内接收辐射。眼睛的角膜和晶状体将可视光源聚焦在视网膜上，由于人眼的生理局限，在静止的眼睛的视网膜上能成像的最小视场角是 1.7mrad；当曝辐时间大于 0.25s 时，由于人眼的运动会使聚集在视网膜上的图像扩散开来，观察时间为 10s 时，成像的视场角为 11mrad；观察时间大于 10000s 时，成像的视场角为 100mrad；即随着曝辐时间的增加，视场角在 1.7～100mrad 变化。对于视网膜上的热损伤，有效的损伤阈值与表观光源的大小和对边角有关，因此根据标准要求，应测量指定视场(FOV)下的最大有效辐亮度。

测量辐射亮度和表观光源的设备，应能模拟人眼光学系统，并符合人眼观察物体及成像的过程，当表观光源确定后就能准确测量辐亮度。

几何成像法测量表观光源是一种较好的方法，如图 3-2 所示。测试系统由数码成像设备和变角转台组成，因为在不同方向观察光源得到的表观光源是不同的，所以对应的测试评价也不同，用变角转台可以实现对光源的多角度成像，达到精确确定表观光源量值的目的。

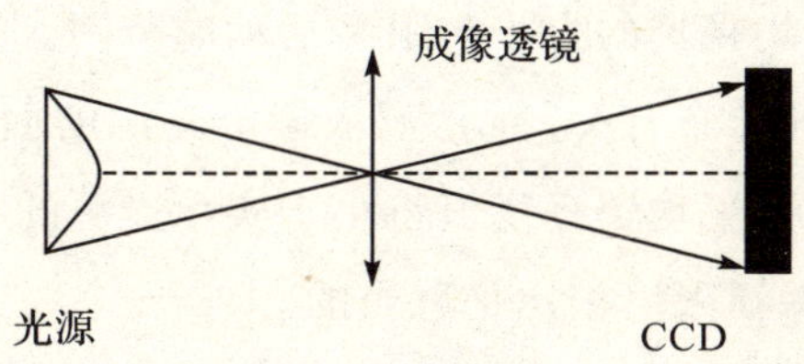

图 3-2　表观光源测量示例

辐射亮度测量有两种方法：

(1) 标准方法：适用于宽带辐亮度以及光谱辐亮度的测量。辐射亮度测量使用的光学系统如图 3-3 所示。

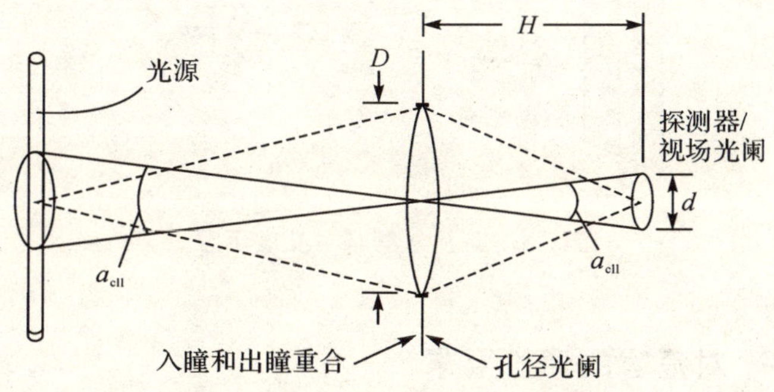

图 3-3　标准方法测量辐射亮度示意

1)将光源成像到探测器；

2)具有一个圆形的视场光阑，形成平均视场的角度范围；

3)具有一个圆形入射光瞳(孔径光阑)，同辐照度测量一样是平均光阑，完成辐射照度测量。对于小的角度，成像系统中探测器的直径与焦距之间的关系为 $d=\alpha H$。

图 3-3 所示最小限制直径为 D 的孔径光阑，对于脉冲光源来说，相当于 7mm 的瞳孔直径；对于连续发光光源来说是一个生物物理意义上的平均孔径。跟角辐照度测量一样，如果入射辐照度足够均匀，孔径光阑直径可以超过 7mm。

测量的辐射亮度不应在小于规定视场的视场上平均，这样可能会导致过高地估计危害，平均视场的大小与眼睛活动的范围，即大面积光源像的辐射功率在视网膜上的分布有关，而并不依赖于光源的面积。对于对边角比规定视场角小的光源，平均辐亮度值将小于实际光源的物理辐亮度值，但是这种生理效应值与曝辐限值相比是适当的。

(2) 替换的方法：辐射亮度测量能够转化为辐射照度测量。只要确定一个准确定义的视场，测量出的辐射照度值除以此视场就能够得到辐射亮度值。详见图 3-4 所示的替换法测辐射亮度示意。

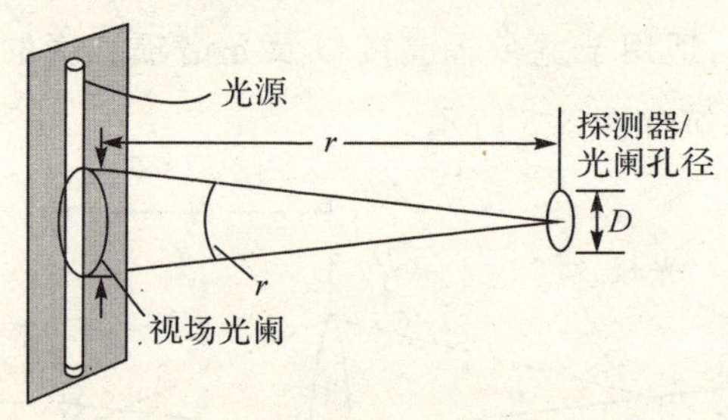

图 3-4　替换法测辐射亮度示意

3.3.3　对危害的评价要求

3.3.3.1　皮肤和眼睛的光化学紫外危害

IEC 62471 规定入射到没有采取保护措施的皮肤和眼睛的紫外辐射曝辐限值仅适用于照射时间在 8h 以内的情况，在任何一天中连续超过 8h 的辐射在该标准中都不予考虑。光化学紫外危害有效辐射的曝辐限值为 $30J/m^2$。

3.3.3.2　眼睛的近紫外危害

光谱范围在 315～400nm(UVA)之间的光辐射对眼睛的总曝辐射量，在照射时间小于 1000s(大约 16min)的情况下不应超过 $10000J/m^2$；在照射时间大于 1000s 的情况下，对没有保护措施的眼睛的 UVA 辐照度 E_{UVA} 不应超过 $10W/m^2$。

3.3.3.3 视网膜蓝光危害

为了防止长期受到蓝光辐射的视网膜产生光化学损伤，光源的光谱辐亮度与蓝光危害函数 B(λ)加权积分后的能量，也就是蓝光加权辐亮度 L_B 不应超过 10^6J/(m^2 · sr)($t \leqslant 10^4$s)或 100W/(m^2 · sr)($t > 10^4$s)。

3.3.3.4 视网膜蓝光危害(小光源)

蓝光小光源危害适用于对边角小于 0.011rad 的小型光源。L 和 E 之间的关系，对于一个对边角为 0.011rad 的光源来说，系数约为 10^4，眼睛的光谱辐照度 E_λ 与蓝光危害函数 $B(\lambda)$加权积分后的值，也就是蓝光小光源加权辐照度不应超过 100J/m^2($t \leqslant 100$s)或 1W/m^2($t > 100$s)。

3.3.3.5 视网膜热危害

为了防止视网膜热损伤，光源的积分光谱辐亮度 L_λ 与灼伤危害加权函数 $R(\lambda)$加权后得出的值，也就是热危害加权辐亮度不应超过 50000/($\alpha \cdot t^{0.25}$)W/(m^2 · sr)(10μs$\leqslant t \leqslant$10s)。

3.3.3.6 视网膜热危害(对微弱视觉刺激)

对于一个红外热源或任何近红外的光源，它们所产生的微弱视觉刺激不足以产生不适应，当用眼睛观察且辐照时间大于 10s 时，其近红外(780～1400nm)的辐亮度 L_{IR}应被限制在 6000/αW/(m^2 · sr)($t > 10$s)。

3.3.3.7 眼睛的红外辐射危害

为了避免对眼角膜的热危害以及对晶状体产生后遗症(比如白内障)，对于波长在 780～3000nm 的红外辐射，红外辐射的视觉曝辐限值不应超过 $18000t^{-0.75}$ W/m^2($t \leqslant 1000$s)或 100W/m^2($t > 1000$s)。

3.3.3.8 皮肤热危害

可见光和红外辐射(波长 380～3000nm)对皮肤的辐射照度应被限制在 $20000t^{0.25}$ J/m^2($t \leqslant 10$s)。

3.4 测量系统

3.4.1 对测量系统的要求

光生物安全测量系统，根据本章所述，最终需要测量的指标有辐照度、光照度、视场角、辐亮度等，并且需要根据危害加权函数进行自动加权计算。根据 IEC 62471 标准要求，系统测量的光谱范围应覆盖 200～3000nm，而欧盟则将范围扩大到 180～3000nm，这就需要测量系统满足相应的光谱范围要求。为了测量表观光源，需要通过成像亮度计实现对一个给定的视网膜危害评价位置。同时，设备需满足标准要求的 3 个不同测量视角（100mrad、11mrad、1.7mrad。国际上根据模拟人眼瞳的情况拟将 3 个视角改成 110mrad、11mrad、1.5mrad）。另需配备距离测量装置如导轨等，满足精密测量要求。

目前国际上可行的方法是采用光谱辐射测量技术，通常采用多光栅分光和多种探测器组合的测量方式，利用光谱辐射分析仪进行 180nm/200nm～3000nm 整个波长范围内的波长扫描，光谱辐射分析仪应具有足够宽的动态响应范围。现阶段的光生物安全测试系统常用到石英光纤接收器、双光栅 UV-VIS 单色仪、红外光谱仪、光照度探测器、红外辐射照度探测器等设备和部件，基本上都采用了软件全自动测试功能，另配套有精密测光导轨和可移式操作平台及精密供电系统。

3.4.2 测量用标准光源

标准光源是直接影响测量结果的一个重要标准物质。为保证灯和灯系统光生物安全测量的准确性和一致性，标准光源的购买选择和使用管理应符合下列要求：

(1) 标准光源需有唯一性标识，其型号规格需有详细的记录；

(2) 标准光源的光谱范围应不小于相应的光生物效应的作用光谱，且光谱强度分布应连续光滑；

(3) 光谱辐照度或光谱辐亮度应接近对应的光生物安全的曝露限值水平；

(4) 标准光源的光辐射应均匀扩散并充满辐射探头的整个测量区域，且校准值应覆盖这个区域；

(5) 校准过的标准光源光束轮廓应与试验设备的接受平面足够一致；

(6) 光输出应足够稳定；

(7) 标准光源的辐射量值应能溯源至国家计量基准；

(8) 对于正常工作时有辐射危险的标准光源，在贮存时应有警告标识，以免误拿误用。

3.4.3 环境要求

被测光源的工作状态和测试设备受环境因素有较大影响。环境温度可以显著影响大多数类型的光源光输出，特别是放电灯和 LED 产品；大气的变化可能会导致某些红外的光输出测量值频谱；所以应对产品进行规范测量。测量的环境条件最好应保持在：温度：25±3℃，相对湿度：50％～75％RH；大气压力：86～106kPa，同时应用的环境条件应在测试报告中注明。

灯和灯系统的精确测量需要一个可控制的环境。此外在测量光路中臭氧的形成将影响测量精度，还存在安全性问题。对于特殊的测试环境，参照相应适用的 IEC 标准，也可参照相应的国家标准或制造商建议。

某些光源的特性还易受气流的影响。这是指被测光源表面的空气流动，而不是指自身内部的自然空气转换，应当尽可能地减小这种空气流动，并与臭氧的产生所导致的安全问题一并解决。当测试系统具有内部循环状态，测量也应当在同样的循环状态下进行。

应当特别注意确保外界辐射源的辐射和反射不会给测量结果带来重大影响。通常使用挡屏阻挡外界辐射，但需要注意的是，视觉上呈现的黑色表面也可能会反射紫外和红外辐射。此外，在红外测量中必须考虑来自热屏的辐射，这是由于正对着挡屏的大入射角造成的。另外，还要设置若干隔板消除被测光源和探测器反射的杂散光。外界的不可见光辐射不应大于

1mW/m²，紫外辐射应小于 0.01mW/m²，红外辐射应小于 1W/m²。

设备应放在一个没有任何不可见和可见辐射的暗室内，或者用黑色丝绒布遮蔽模拟黑暗环境。作为消除杂散光的一个重要手段，在被测光源和探测器的入射孔径之间可以设置几个滤光片用来消除反射光，以保证环境的纯净。光生物安全测试设备由于导轨较长，又需要配备测试系统、电源等配套设备，因此对场地有一定的尺寸要求，可根据设备尺寸的长、宽、高适当放宽设计暗室。

设备安装要求必须保证地面的水平度，水平面上的高低误差应控制在设计的标准范围内。导轨安装应保持与测量通道口平面垂直，误差控制在设计的标准范围内。安装时要远离能产生电磁干扰的设备和器具，防止在测试中对被测样品和测试系统产生影响。

根据设计要求预设电缆线，电缆线规格要符合设备的负载要求。

3.4.4 检测设备

光生物安全测量涉及的参量有很多，并且测量方法复杂，如辐射危害加权辐亮度的测量要涉及视场角、灵敏度函数、危害加权辐亮度、光照度等参量的测量，且在测量中较为复杂和重要的是确定最大可达辐射量。由于测量本身复杂，因此相关的测量系统必须高度集成化，以确保操作人员方便、准确地测得被测样品的辐射安全性能。光生物安全测试设备的发展也是从简单到复杂，从单一化到集成化慢慢发展起来的。随着检测技术的不断发展，现阶段的光生物安全测试设备基本上都采用全自动化测试，对操作人员的要求相对较低，而对设备的研发就有较高的要求。目前国际上比较认可、用得比较多的是采用光谱辐射测量技术，通常采用多光栅分光和多种探测器组合的测量方式，选择与扫描波段对应的光电探测器检测从单色仪出射的单色光。传统的基于探测器技术进行光生物安全的测量，已不能满足测量精度的要求，需要利用光谱辐射分析仪进行 180nm/200nm～3000nm 整个波长范围内的波长扫描。由于不同危害种类，其发射限值可能相差 4～5 个数量级，因此，光谱辐射分析仪应具有足够宽的动态响应范围。纵观光生物安全检测系统的发展，其研发过程经历了如下几个阶段：

第一阶段：手持式设备。

手持式测试没有特定的工装、载物台，通过分别使用照度计、辐亮度计、光谱辐射计等单一的测试设备完成光辐射危害值的测量。操作时需要通过测试仪器分别依次对被测物进行照度、辐射照度、辐射亮度等参数的测量，由于操作比较复杂，并且易受到人工操作个体差异的影响，所以造成的测量误差也相对较大，因此其测量精确度不高。常见的一些测试仪器如图 3-5、图 3-6、图 3-7 所示。

图 3-5　辐亮度计

图 3-6　辐照度计

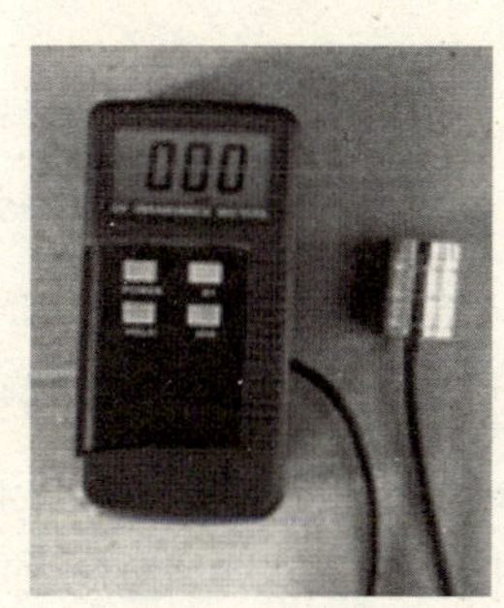

图 3-7　照度计

第二阶段：多通道组合式设备。

多通道组合式设备主要的优点是精度高、小型化。目前，世界上只有美国、中国、德国等少数几个国家具有生产和研发高精度快速光谱辐射计的技术和能力。我国在积分—分光结合技术和色片激光法杂散光校正技术方面拥有自主知识产权，在线性动态范围（8 个数量级 0.3%的非线性）和杂散光（10^{-4}）这两个关键指标上已经超过国际同类产品水平，相关技术得到了国际同行的高度肯定，产品总体水平已进入世界第一梯队。多通道组合式设备通过采用多光栅分光和多种探测器组合的测量方式，实现光生物安全的测量，这种组合式设备一般首先选择与扫描波段对应的光电探测器检测从单色仪中出射的单色光，再通过软件进行计算分类安全等级，在测试过程中能部分实现自动化测试，但是在测量距离判定、辐射亮度对焦等操作过程中还要部分借助测试人员进行人工辅助操作，测试系统集成度相对较高，可以满足 180nm/200nm～3000nm 波长范围的辐射量值测试要求，组合式设备框图如图 3-8 所示。

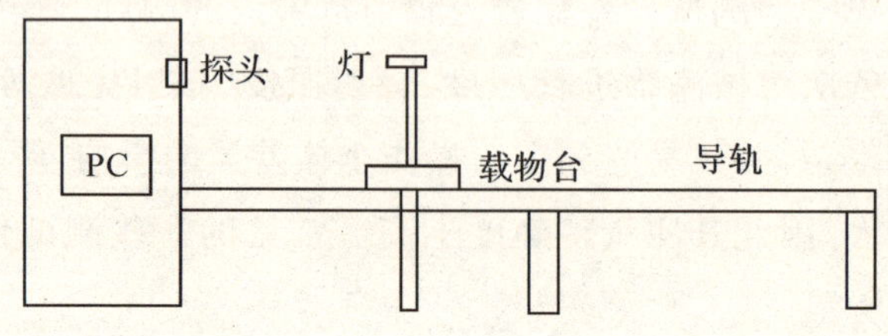

图 3-8 组合式设备框图

第三阶段：全自动测试设备。

该阶段的设备已充分采用了技术成熟的光谱测量技术和成像亮度计技术。就光谱仪技术而言，机械扫描式光谱仪主要往高精度方向发展，近年来用于高端测量的单色仪得到了长足的发展，随着电子技术的进步，机械扫描式光谱仪的发展速度也在加快。成像亮度计技术由于其独特的优势，得到了国际测光界的重视，CIE 专门成立了 CIE TC2-59 技术委员会开展对成像亮度测量装置的研究，我国专家也参加了该技术委员会，近几届的 CIE D2 专家论坛也都把成像技术作为主题之一，目前中国、德国、美国等少数国家已具备了成像测量设备的自主开发生产能力，我国生产的具有自主知识产权的成像亮度计与国际同类先进设备水平相当。基于成像技术的光谱扫描测量系统能实现高精度的测量，测量设备具有三维旋转对焦功能，可自动寻找和获取最大辐射位置，在最大辐射位置自动测量光辐射的相关参数量值，并能通过软件编程完成危害值安全等级的分类、判定和结果报告输出。全自动测试设备操作简单、高效便捷，并且由于测试过程是系统自动完成的，因此大大减小了人为的测试误差。越来越多的设备厂商目前也正在向着高集成化、测试自动化、快速化的目标发展。

3.4.5 测试报告

测试报告中除需标明产品信息、测量结果、结果判定等重要信息外，还应特别留意测试条件、样品安装的文字或图片说明、使用的测量设备、测试

环境要求、不确定度(必要时)以及其他信息等的置入,以便对测试结果有异议时能实现测量的可重复性和可追溯性。具体内容如下:

(1)试验条件信息

1)测试报告里需有测试样品的唯一性标识及规格型号信息;

2)测试样品的电参数特性、点灯位置和通电工作情况;

3)测试样品的安装信息,包括文字或图片说明等详细信息;

4)环境温度、湿度信息;

5)被测产品的类别判定信息,如普通照明灯具、脉冲灯具等;

6)所用的测量设备和设施。

(2)测试结果信息

测试结果应涵盖:测量距离、照度、视角、波长、辐照度、辐亮度等内容。

(3)结果判定

测试报告应包括根据标准限值要求对 8 类辐射危害进行危险等级判定的信息,必要时需给出测量不确定度信息。

3.5　检测注意事项

光生物安全检测主要有以下几个步骤:

(1)打开测试设备,预热稳定;

(2)系统定标;

(3)选取合适的工装夹具将被测样品固定对准;

(4)根据标准要求调节测量距离;

(5)点亮样品,待样品输出稳定后进行测试;

(6)根据测量系统软件要求进行操作测量;

(7)测试完毕,打印试验结果报告,关闭相应的电源和设备;

(8)查看测试结果,按标准要求进行结果判定。

在进行以上光生物安全测试过程中,为确保数据准确,测量应在没有任何不可见和可见辐射的暗室内进行,防止受外部杂散光干扰。为避免发生人员伤害或设备损坏，检测人员需要特别注意3.5.1～3.5.6条事项。

3.5.1 试验工装

光辐射安全测试大多针对日常生活中使用的光源和灯具，包括各种LED光源灯具、荧光光源灯具及白炽灯灯具等等，覆盖面比较广。通常设备厂商在进行设备研发和配置时会附带一些常用的试验工装或夹具，但由于光源和灯具的形式规格多样化，设备厂商附带的工装或夹具远不能满足测试的要求，因此实验室在测试过程中还需要根据各自被测产品的情况提前制备一些工装光具。对于常用光源和灯具，归纳起来大致有支架灯管工装、球泡灯光源工装、路灯工装、面板灯工装和嵌入式灯具工装等几类，限于条件的许可，其他一些形状更为特殊的光源和灯具的安装工装，可能要在测试前才能进一步地确定。

3.5.2 设备使用

设备必须有专人负责管理，仪器设备的使用情况应有较为详细的登记，以便在有需要时复原测试。

(1) 根据仪器设备的性能要求，提供安装使用仪器设备的场所，并做好电网供应，根据仪器设备的不同情况落实防火、防潮、防震、防磁、防腐蚀、防辐射等技术措施。

(2) 制定设备安全操作规程，设备的使用人员必须经过培训，考核合格后方可操作，持证上岗。

(3) 注意仪器设备的接地、电磁辐射、网络等安全事项，以保证测量的准确性，避免发生事故。

(4) 测试设备应在制造商指定条件下工作以确保准确测量，同时应采取隔离、监控等保护措施，避免因被测产品自身在测试过程产生的辐射、过热等情况导致测试设备的元器件受损。

3.5.3 被测样品

被测样品要进行适当时间的预热，可根据产品技术规范指定的要求充分预热后进行测试。如没有特殊要求,一般可以控制在 15min 至 20min 左右的稳定时间。对于 LED 模块,控制的温度应参考散热器 Tp 点或由产品制造商指定的点。

3.5.4 人员安全

为避免在进行光生物安全测试过程中发生人员伤害或设备损坏,测试人员应特别注意安全,上岗前应进行设备原理和操作的培训、辐射防护培训和应知应会培训。外来人员进入光生物检测实验室前,必须对其进行简单的辐射防护教育,并安排实验室人员全程陪同,敦促外来人员服从实验室的整体安排和管理。

对于实验室人员,还需注意以下要求:

(1) 测试人员需穿电工鞋,避免在接线的时候造成触电危险,同时要注意不应进行带电操作,以免造成人员和设备的损坏。

(2) 在测量过程中,大量的光源可能存在危害操作者眼睛和皮肤的光学辐射,但是这些存在的辐射的真正危害在测量结果出来之前是不知道的。因此,在实验室中有必要对眼睛和皮肤进行个人防护,如带上紫外线防护面罩、防护眼镜和特殊服装装备(如手套和口罩)来保护皮肤,尤其是在进行紫外标准灯定标和测试紫外灯、大功率高压钠灯的时候,需要特别注意对于眼睛的保护,避免受到热辐射和紫外辐射的伤害。紫外线防护面罩采用 PC 材料并添加特殊的紫外线阻隔剂,紫外线阻隔率可达到 99%。如果有条件,也可以配用呼吸机来防止灰尘、烟雾和臭氧的侵害。

(3) 穿上工作服,戴上手套进行设备操作。一方面是为了避免在操作过程中不经意地碰到高温的光源造成灼伤,另一方面是为了保护探头和衰减片,以防止汗渍、指纹的影响从而降低测试设备的精确度。

3.5.5 区域划分

对于有可能产生光辐射危害的区域有必要设置警戒线和警示标识,避免无关人员进入造成不必要的伤害。例如在光生物测量系统周围设置警告牌,对有可能产生光辐射危害的光源和灯具划分专用区域进行存放。

3.5.5.1 被测样品

对理论上预知辐射较大或已完成检测已知危害值超过标准要求的测试样品应独立存放，可在实验室样品库中开辟一个单独有防辐射措施的区域，该区域的样品需有专人负责保管，以免人员误入误拿造成伤害。

3.5.5.2 标准光源

对于具有光辐射危害的标准光源的贮存，也应特别留意。如测试时用作定标的紫外灯有较强的紫外辐射，如使用或贮存不当，会造成对测试人员皮肤或眼睛的灼伤，有可能导致角膜炎、结膜炎、白内障、皮肤老化等伤害。因此，类似这样的标准光源，也应与有辐射的测试样品一样做好贮存工作，并进行必要的隔离，条件许可时最好将其放置于有金属外壳的箱子内保存。

3.5.6 信息安全

(1) 重视网络、信息安全工作，用于测试的电脑、移动存储设备最好专门独立配备使用，避免因感染计算机病毒造成测试软件报错。

(2) 对所承担的委托测试项目的数据和客户的测试资料，包括测试样品，都必须保密，严禁外泄以及作为它用。

第 4 章 测量距离和危害距离

IEC 62471 标准对光生物辐射危害的评价规定了两种典型的测量距离。对于普通照明(GLS)用灯，危害值应在产生 500lx 照度的距离下给出，但这个距离不应小于 200mm；对其余光源，包括脉冲灯，危害值应在 200mm 的距离下给出。该标准对于光生物安全的测试距离的划分，主要按照是否为普通照明用灯这一准则来进行的。按照 IEC 62471 的定义，普通照明用灯是指用于照亮空间的灯，这一空间一般被人占据或观察，但是单单从定义来看还是一个比较模糊的概念。例如浴霸灯，它既有照明的作用，又有取暖的作用，那么这一类灯是否是普通照明用灯呢？另外，我们日常生活中用到的很多灯具，例如筒灯、格栅灯等等，往往因使用功能的原因其安装距离是固定的，且多数大于 200mm，灯具的照度也大于 500lx，那么类似这样的灯具，它们的测量距离到底取哪一种？如果按标准的要求进行测量，可能与灯具实际的使用情况又不一致，其测量数据又有什么意义呢？随着人们对灯和灯系统光辐射危害的日益重视，对光生物安全测量距离的争议也日渐突出：是在 200mm 的距离下测试更科学呢？还是 500lx 的照度下测试更接近人们的使用实际呢？选择不一样的测量距离对测试结果又有什么样的影响呢？本章节以实验室的大批量检测数据为统计分析依据，讨论同一产品在不同的测量距离对光生物安全结果可能的影响，同时也详细讨论了危害距离与测量距离的关系，并通过对达到或超过 2 类视网膜蓝光危害限值的样品测量计算危害距离，试图说明，虽然照明产品检测结果可能不符合标准的限值要求，但只要正确使用，保持合适的距离，也能避免对使用者造成视网膜的伤害。

4.1 两种典型测量距离的测量位置确定

当选择用 500lx 作为测量距离时，测量位置的确定非常容易。可通过调节照度计与被测产品之间的距离，直至被测产品在某一位置的照度为 500lx，则该位置即为 500lx 的测量距离。但是，当选择 200mm 作为测量距离时，由于此时所说的 200mm 是指从被测产品的表观光源到测量系统的入射孔径之间的距离，如图 4-1 所示，这就为 200mm 测量距离的确定带来了两个难题：一是如何确定被测产品的表观光源所在的位置；二是如何确定测量系统的入射孔径所在的位置。

由于表观光源的位置不一定是实际光源所处的位置，特别是对于外加透镜的光源来说，表观光源是指由发光体经透镜所成的像，此时的像可能是实像也可能是虚像，且位置可能在发光体之前也可能在发光体之后。如图 4-2 所示；灯丝经凹透镜后所成的像位于实际灯丝的后面，这使得表观光源的位置难以确定。此外，对于不同的测量系统，入射孔径可能位于成像透镜组系统之前，如图 4-3 所示，也可能位于成像透镜组系统之后，如图 4-4 所示。特别是当入射孔径位于成像透镜组系统之后时，在测量过程中无法确定当前情况下入射孔径的实际位置。可见，在光生物安全的评价测量中，200mm 测量距离的确定相对难度要大一些。

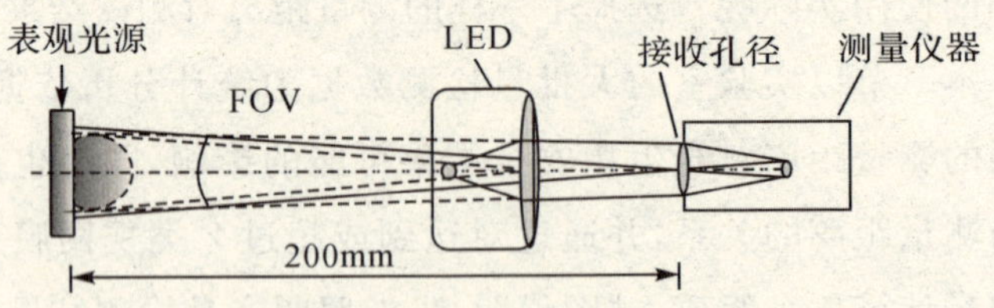

图 4-1 200mm 测量距离的确定

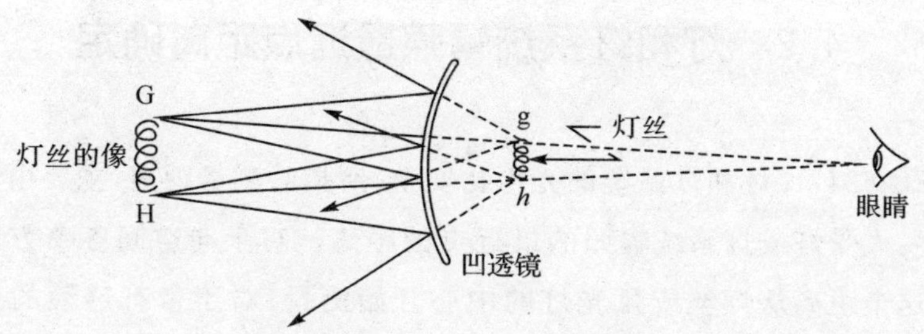

图 4-2 带有透镜光源的成像

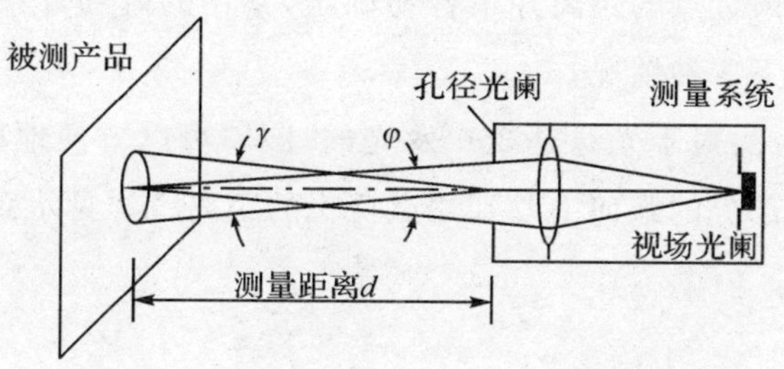

图 4-3 入射孔径位于测量系统透镜组之前

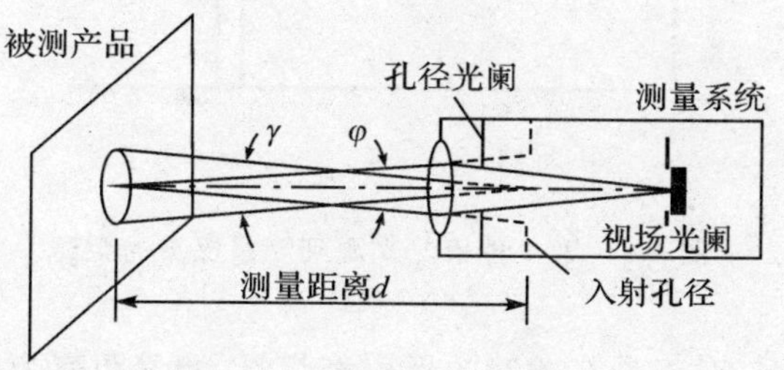

图 4-4 入射孔径位于测量系统透镜组之后

4.2 灯和灯系统辐照最近点距离确定

IEC 62471《灯和灯系统的光生物安全》所指的测量距离，主要由辐照距离表述：人受灯或灯系统辐照的最近点的距离。对于向空间各个方向辐照的灯，这个距离从灯丝或弧光灯的中心开始测量；对于带有透镜的反射型灯，这个距离从透镜的外侧边缘开始测量；对于没有透镜的反射型灯，这个距离从反射器的断面开始测量。

但是在实际测量时，不同的灯因其功能和结构的复杂性，使得人受灯或灯系统辐照的最近点的距离并不容易确定，常用的灯和灯系统的结构一般可以总结为以下 3 种情况：

第 1 种情况：对于光源是 360°发光的灯具，可以方便地确定测量距离，即从光源发光部分的几何中心到测试探头的距离。详见示意图 4-5 和灯具实例图 4-6。

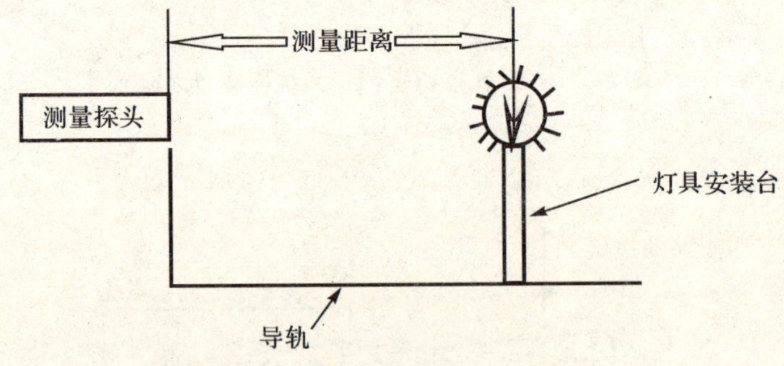

图 4-5　第 1 种情况光源到测量探头的距离

第 2 种情况：对于带有透镜的反射型灯具，测量距离为透镜的外侧表面到测量探头的距离，详见示意图 4-7 和灯具实例图 4-8。

第 3 种情况：对于安装有反射罩、但是没有透镜的反射型灯具，测量距离为从反射罩的端面到测量探头的距离。详见示意图 4-9 和灯具实例图 4-10。

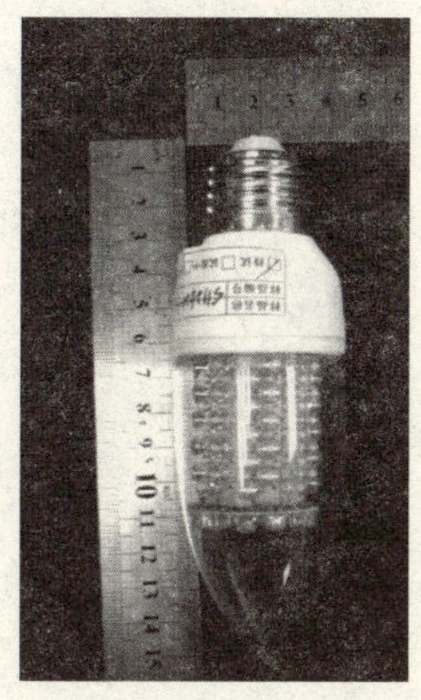

图 4-6　第 1 种情况灯具实例

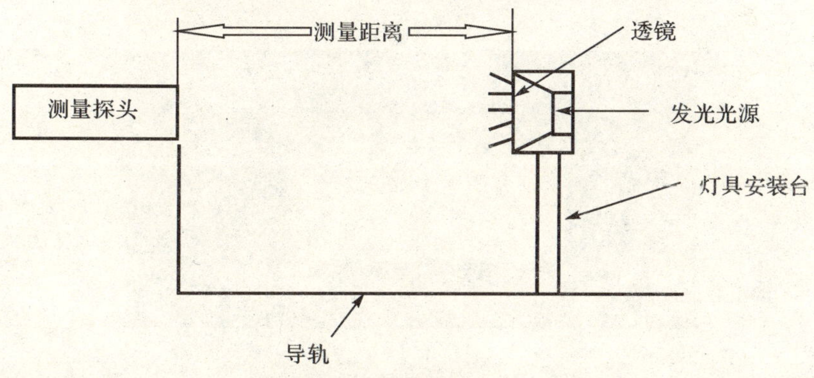

图 4-7　第 2 种情况光源到测量探头的距离

图 4-8　第 2 种情况灯具实例

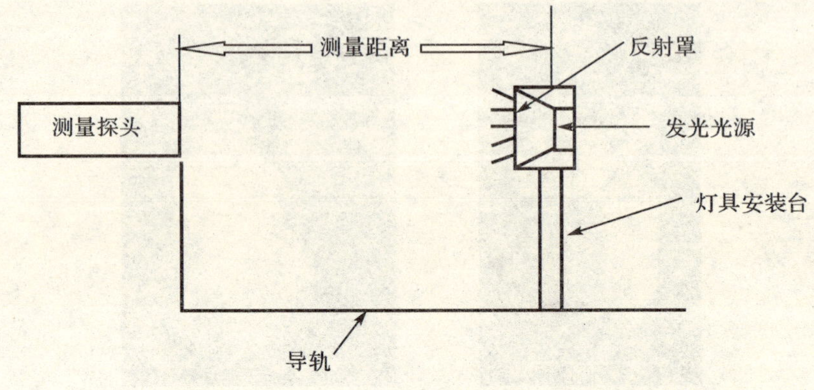

图 4-9　第 3 种情况光源到测量探头的距离

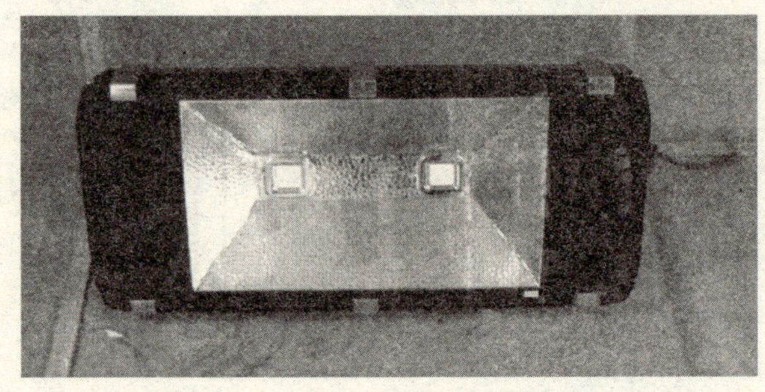

图 4-10　第 3 种情况灯具实例

4.3　测量距离对测试结果影响的统计分析

鉴于标准对测量距离的界定不够清晰，在实际测量时各方对测量距离的统一性有一定的偏差，一些机构严格按照标准要求执行检测，即对于普通照明用灯，按照在 500lx 照度下测量距离不小于 200mm 的要求进行测试，但是这个做法在一定程度上忽略了一些灯的实际使用情况。如图 4-11 和图 4-12 所示的两个台灯是不具备弯曲调节功能的台灯，也就是说，在使用的时候，光源与照射面之间的距离是固定的，如果按照标准的要求，测量距离应该在 500lx 照度的距离下进行，而且满足了其距离是大于 200mm 的要求，但其测量数据或者说测试结果表述的人体承受的光辐射与实际使用时人体受到的光辐射完全不同。

图 4-11　不可弯曲调节台灯

图 4-12　不可弯曲调节台灯

也有一些机构考虑到光源与之配套的灯具存在很大的不确定性，特别是可移动可调式灯具，考虑到人体有可能承受的最严酷的光辐射情况，将测量距离统一定在 200mm 的距离上进行测试。这一种做法，在一定程度上考虑了灯具的实际使用情况，但也使其光生物安全检测变得过于严格。例如道路照明和体育场馆照明，人们不会处于离工作光源如此近的距离使用，实际承受的光辐射远没有在这种测试距离下得到的检测结果高，因此统一在 200mm 距离对灯和灯系统进行光生物安全评价又将导致夸大了对危害的评估。

4.3.1　不同测量距离的光生物安全测试数据分析

4.3.1.1　500lx 照度的距离下测试

为统计分析 500lx 照度的距离下不同检测结果，通过抽检和购买选取了 151 批次样品，基本包括常见的普通照明用灯的各个种类，具有一定的典型性。灯具类型参数如表 4-1 所示。

表 4-1　被测样品参数

灯具类别	数量	功率范围	光源类型	色　温	所占比例
LED 光源	25	3～20W	LED	4000K 及以下	16.6%
LED 光源	14	20～100W	LED	4000K 及以下	9.3%
LED 光源	27	3～20W	LED	4000K 以上	17.9%
LED 光源	16	20～100W	LED	4000K 以上	10.6%
LED 筒灯	15	4.5～20W	LED	4000K 以上	9.9%
LED 筒灯	10	4.5～20W	LED	4000K 以上	6.6%
节能灯筒灯	5	8～13W	节能灯	4000K 以上	3.3%
钨丝灯筒灯	5	25～40W	钨丝灯	4000K 及以下	3.3%
投光灯	1	300W	卤钨灯	4000K 及以下	0.7%
投光灯	1	250W	高压钠灯	4000K 及以下	0.7%
LED 投光灯	4	30～60W	LED	4000K 以上	2.7%
LED 投光灯	4	50～200W	LED	4000K 以上	2.7%
固定式灯具	2	18W,30W	LED	4000K 以上	1.3%
LED PAR 灯	4	7～18W	LED	4000K 及以下	2.7%
浴霸灯	5	250W	钨丝 PAR 灯	4000K 及以下	3.3%
LED 台灯	2	20W	LED	4000K 以上	1.3%
节能灯台灯	5	8～11W	节能灯	4000K 以上	3.3%
钨丝灯台灯	4	25～40W	钨丝灯	4000K 及以下	2.7%
LED 手电筒	2	5W,4.5W	LED	4000K 以上	1.3%

测试结果表明:达到 1 类危害等级的样品 21 个,所占比例为 13.9%,达到无危害等级的样品 130 个,所占比例为 86.1%。在 1 类危害的 21 个样品中,视网膜蓝光危害 L_B 共 17 批,视网膜热微弱危害 L_{IR} 和视网膜热危害 L_R 共 4 批。其中,4 批视网膜热微弱危害 L_{IR} 和视网膜热危害 L_R 全部由 250W 的浴霸灯产生,而 17 批的视网膜蓝光危害 L_B 则由不同的 LED 灯产生,详见图 4-13。

产品测试结果分析:

(1)结构对测试结果的影响

从图中可以看出光源产生光生物危害的概率明显高于灯具,这是因为

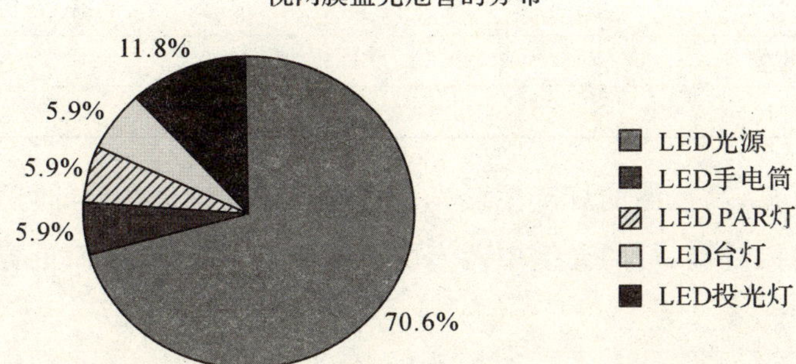

图 4-13 500lx 距离视网膜蓝光危害的分布

灯具结构一般比光源复杂，有反射罩、透镜、玻璃防护板等散光和折射光的结构，帮助光的反射和散射。例如蓝光被反射和散射之后，有助于蓝光辐射量的减小。浴霸灯、高压钠灯、卤钨灯等产品由于产热较高、较集中，容易产生视网膜热微弱危害 L_{IR} 和视网膜热危害 L_R。

(2)功率对测试结果的影响

达到 1 类危害的 17 批 LED 灯样品中，将 LED 灯的功率分为 20W 以下、20～50W 和 50W 以上这 3 个功率段进行比较，具体情况见表 4-2。

表 4-2 功率对测试结果的影响

灯的功率	20W 以下	20～50W	50W 以上
批次	2	5	10
所占比例	11.80%	29.4%	58.8%

可以看出，大功率和小功率的 LED 灯都存在光生物安全的隐患，但是大功率的灯产生光生物危害的概率明显高于小功率的灯。

(3)色温对测试结果的影响

将本次抽样的达到 1 类危害的 LED 灯的色温分为 4000K 及以下和 4000K 以上这两个不同的类别，具体情况见表 4-3。

表 4-3 色温对测试结果的影响

灯的功率	4000K 以上	4000K 及以下
批次	14	3
所占比例	82.4%	17.6%

由此可见，高色温的灯产生蓝光危害的可能性比低色温的灯要大很多。这是由于色温越高，灯的光谱中蓝光所占的比例就越高，因而更容易产生蓝光危害。

4.3.1.2 200mm 距离下的测试

对于 200mm 距离下的测试，选取了 63 批次样品，包括美甲灯、杀菌灯、空气净化灯等非普通照明用灯具和部分典型的普通照明用灯具，被测样品参数如表 4-4 所示。

表 4-4 被测样品参数

灯具类别	数量	功率范围	光源类型	色　温	所占比例
LED 光源	8	3～20W	LED	4000K 及以下	12.7%
LED 光源	6	20～100W	LED	4000K 及以下	9.5%
LED 光源	10	3～20W	LED	4000K 以上	15.9%
LED 光源	6	20～100W	LED	4000K 以上	9.5%
LED 筒灯	2	4.5W,20W	LED	4000K 以上	3.2%
LED 筒灯	2	4.5W,20W	LED	4000K 以上	3.2%
节能灯筒灯	1	13W	节能灯	4000K 以上	1.6%
钨丝灯筒灯	1	40W	钨丝灯	4000K 及以下	1.6%
LED 投光灯	2	30W,60W	LED	4000K 以上	3.2%
LED 投光灯	2	50,200W	LED	4000K 以上	3.2%
固定式灯具	2	18W,30W	LED	4000K 以上	3.2%
LED PAR 灯	2	7W,18W	LED	4000K 及以下	3.2%
LED 台灯	1	20W	LED	4000K 以上	1.6%
节能灯台灯	1	11W	节能灯	4000K 以上	1.6%
钨丝灯台灯	1	40W	钨丝灯	4000K 及以下	1.6%
LED 灯珠	2	5W,4.5W	LED	4000K 以上	3.2%

续　表

灯具类别	数量	功率范围	光源类型	色　温	所占比例
紫外灯(杀菌灯、美甲灯)	3	20～30W	荧光灯管	4000K 及以下	4.8%
太阳能 LED 灯	3	5～20W	LED	4000K 及以下	4.8%
LED 台灯	1	20W	LED	4000K 及以下	1.6%
空气净化灯	2	24W,16W	LED	4000K 及以下	3.2%
LED 手电筒	2	5W,4.5W	LED	4000K 以上	3.2%
LED 灯串	2	12W,17W	LED	4000K 及以下	3.2%
浴霸灯	1	250W	钨丝 PAR 灯	4000K 及以下	1.6%

测试结果表明:达到 1 类危害等级的样品 13 个,所占比例为 20.6%;2 类危害等级的样品 8 个,所占比例为 12.7%;3 类危害等级的样品 2 个,所占比例为 3.2%;无危害等级的样品 40 个,所占比例为 63.5%。

产品测试结果分析:

(1)不同种类的灯产生的危害

不同种类的灯产生的危害详见表 4-5 的统计。

表 4-5　不同种类的灯产生的危害

危害项目	灯的种类
光化学紫外危害 E_S	LED PAR 灯、LED 光源、LED 台灯、紫外杀菌灯、美甲灯
蓝光小光源危害 E_B	紫外杀菌灯
眼睛的近紫外危害 E_{UVA}	空气净化灯
视网膜蓝光危害 L_B	LED PAR 灯、LED 光源、LED 手电筒、LED 投光灯
视网膜热危害 L_R	浴霸灯
视网膜热微弱危害 L_{IR}	浴霸灯

对于产热比较多的光源,例如钨丝灯、卤钨灯、高压钠灯、浴霸灯等,其蓝光和紫外频段的光占总光谱的比值非常小,并且蓝光和紫外频段的光辐值也远低于红外频段的光辐值。这一类灯,产生光化学紫外危害、蓝光小光源危害、眼睛的近紫外危害、视网膜的蓝光危害的可能性非常小,但是其在

眼睛的红外辐射危害、皮肤的热危害、视网膜热危害、视网膜热微弱危害这几个方面却有很高的风险。这一类灯的色温一般在 2700K 左右，属于暖色光。

对于 LED 光源、荧光灯管，特别是紫外杀菌荧光灯管，尽管其光通量非常小，但是由于其在紫外和蓝光频段(这一频段刚好与眼睛对光的灵敏度曲线的峰值相重合)的光辐射值非常大，所以容易造成光化学紫外危害、蓝光小光源危害、眼睛的近紫外危害、视网膜的蓝光危害。这一类灯的色温往往偏高，有时候用肉眼看光偏蓝色。

(2)功率对光生物安全的影响

本次有危害等级的 23 批 LED 灯的样品中，将 LED 灯的功率分为 20W 以下、20～50W 和 50W 以上这 3 个功率段进行比较，具体情况见表 4-6。

表 4-6 不同功率样品所占比例

灯的功率	20W 以下	20～50W	50W 以上
批次	9	2	12
所占比例	39.1%	8.7%	52.2%

从上面的表格我们可以看出，小功率的灯产生光生物危害的概率有所提高，这是因为这次抽取的样品增加了非普通照明用灯具，这一类灯具虽然功率小，但是因为有一定的功能性(例如紫外杀菌灯，它的主要作用就是产生紫外线进行杀菌而不是普通照明，容易造成紫外危害)，所以容易造成对应的光生物危害。总的来说，大功率的灯产生光生物安全危害的可能性要大于小功率的灯。

4.3.1.3 同一样品分别在 500lx 照度距离和 200mm 距离的测试比较

对于不同测量距离的比较分析，选取抽样了 37 个批次样品，分别对这些样品进行 200mm 和 500lx 两种距离下的光生物安全检测，37 个批次的被测样品情况见表 4-7。

表 4-7　被测样品参数

灯具类别	数量	功率范围	光源类型	色温	所占比例
LED 光源	8	3～20W	LED	4000K 及以下	21.6%
LED 光源	6	20～100W	LED	4000K 及以下	16.2%
LED 光源	10	3～20W	LED	4000K 以上	27.0%
LED 光源	6	20～100W	LED	4000K 以上	16.2%
LED PAR 灯	2	7W,18W	LED	4000K 及以下	5.4%
LED 台灯	1	20W	LED	4000K 以上	2.7%
LED 台灯	1	20W	LED	4000K 及以下	2.7%
LED 手电筒	2	5W,4.5W	LED	4000K 以上	5.4%
LED 应急灯	1	12～30W	LED	4000K 及以下	2.7%

测试结果表明：

在 200mm 下测得的结果中达到 1 类危害等级的样品 7 个，所占比例为 18.9%；2 类危害等级的样品 5 个，所占比例为 13.5%；3 类危害等级的样品 1 个，所占比例为 2.7%；无危害等级的样品 24 个，所占比例为 64.9%。详见图 4-14。

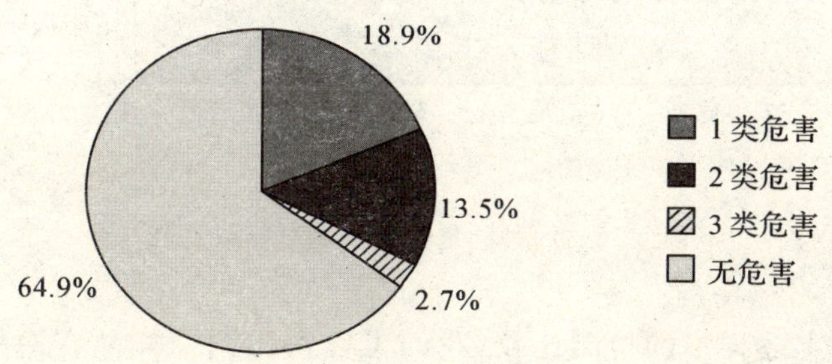

图 4-14　200mm 测量距离下各类危害等级占比

在 500lx 照度的距离下测得的结果中达到 1 类危害等级的样品 6 个，所占比例为 16.2%；达到无危害等级的样品 31 个，所占比例为 83.8%。如图 4-15 所示。

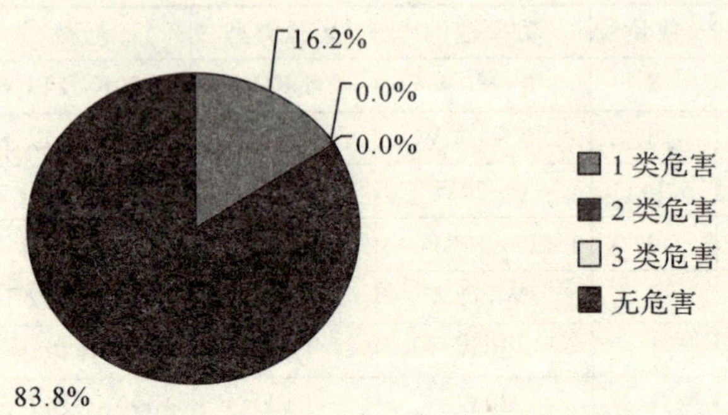

图 4-15 500lx 测量距离下各类危害等级占比

200mm 和 500lx 两种测量距离的测试结果比较如图 4-16 所示，其中实线是 500lx 距离下的测量结果，虚线是 200mm 距离下的测量结果。

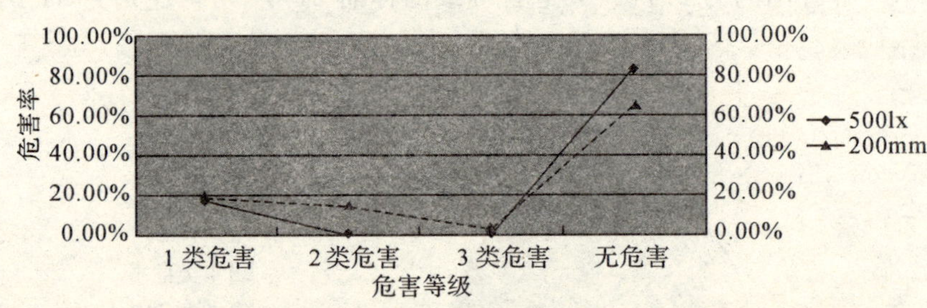

图 4-16 两种测量距离的测试结果比较

通过对上述样本的检测比较，我们可以得出同一样品在两种距离下的测量结果趋势：

(1)在 200mm 下测试光生物安全所得到的危害等级，要比 500lx 这一照度所得的距离下测试光生物安全的危害等级更高。同样的灯，在 200mm 的距离下测试可能是 3 类危害，但是在 500lx 照度下测得的结果可能为 3 类以下的危害。

(2)光生物安全主要进行 8 个测试项目：光化学紫外危害、蓝光小光源危害、眼睛的近紫外危害、眼睛的红外辐射危害、皮肤的热危害、视网膜的蓝光危害、视网膜热危害、视网膜热微弱危害。在 500lx 照度测量距离下进行光生物安全测试，测得的结果可能存在 1 个测试项目超过无危害等级，但是在 200mm 这一距离下测试，可能会有 2 个甚至更多的测试项目超过无危害等级。

(3)部分灯在 200mm 和 500lx 两种距离下的测试结果等级虽然一致，但是 500lx 距离下所测得的各项测试值明显小于 200mm 距离下所测得的值。

4.3.2　不同测量距离的测试结果趋势分析

从上述对典型样品以及不同测量距离条件下的测量统计分析，可以归纳出以下几点：

(1)光源比灯具更容易产生危害，灯具结构一般比光源复杂，有反射罩、透镜、玻璃防护板等散光和折射光的结构，有利于光的反射和散射。蓝光被反射和散射之后，有助于蓝光的减小。

(2)浴霸灯、高压钠灯、卤钨灯等产品由于产热较高，容易产生视网膜热微弱危害 L_{IR} 和视网膜热危害 L_R。

(3)大功率的灯产生光生物危害的可能性要大于小功率的灯。

(4)一般情况下，200mm 的测量距离要比 500lx 的测量距离严格，在 200mm 下测试光生物安全所得到的危害等级要比 500lx 照度所得的距离下测试光生物安全的危害等级更高。

4.4　危害距离

IEC/TR 62471-2《灯和灯系统的光生物安全　第 2 部分：非激光光辐射安全相关的制造要求指南》中，首次提出了危害距离的概念。危害距离是指测得的光源辐射值等于相应的曝辐限值的位置与光源之间的距离。在 IEC 60598-1 第 8 版标准中标记和结构条款均增加了蓝光危害的相关要求，在引出一些新的概念，如蓝光危害、危险组别(RG)、E_{thr}等的同时，也规定了灯具蓝光危害的评价要按照 IEC/TR 62778 的规定。根据 IEC/TR 62778 分类为具有 RG1/RG2(E_{thr})极限条件的固定式灯具，当 X_m 是出现 RG1/RG2(E_{thr})极限条件的距离，随灯具一起提供的制造商的说明书应提供“应将灯具放在预期不会在近于 X_m 的距离持续朝灯具盯着看的位置”的文字，这个要求只适用于当达到 E_{thr}时离灯具的距离比 200mm 远的情况，这里规定必须写进说明书的“X_m”就是本章所说的危害距离。

4.5 危害距离测量

危害距离是指测得的光源辐射值等于相应的曝辐限值的位置与光源之间的距离。对于一个照明产品来说，它的光生物辐射存在 8 种危害类型，每种类型又对应 3 个危险等级。因此，每种危害类型下的每个危险等级都分别对应一个危害距离。

危害距离分为眼睛危害距离和皮肤危害距离。

眼睛危害距离：

与光源间的一个距离，如果小于这个距离，那么在给定的辐射时间内，受辐射亮度或辐射照度会超过合理的曝辐限值。

皮肤危害距离：

在这个距离上，经过 8h 的照射，辐射照度将超过合理的曝辐限值。

由此可见，危害距离简单通俗地说，就是一个保证灯在使用时不对人体造成伤害的最小距离。

4.5.1 危害距离测量

初级光源辐亮度测量存在 3 个可能的结果：

(1) RG0 无限制：在所有灯具中的所有距离，初级光源最高产生了 RG0(0 类危害)；

(2) RG1 无限制：在所有灯具中的所有距离，初级光源最高产生了

RG1(1 类危害)；

(3) RG2 的 E_{thr}：在某距离时初级光源产生了 RG2(2 类危险)，此处含有初级光源的灯具产生的照度高于 E_{thr}；在某距离时初级光源产生了 RG1，在此处含有初级光源的灯具产生的照度低于 E_{thr}。

通常因蓝光危害达到 RG3(3 类危险)是不太可能的，所以 IEC/TR 62778 不涉及这部分内容。

如果产生了第 3 种结果，危险组别取决于使用条件。在人很可能注视灯具的最小距离，照度是否高于或低于 E_{thr} 值，这个距离取决于灯具的光度。如果来自灯具光学器件的光分布的峰值角度已知，大小和方向的值是可以计算的。对于很多光度系统，光分布是已知的，因为光分布是专业照明设计需要的。为了找到灯具最大光强所在的方向，应使用分布光度计测量。

$$E_{thr}=\frac{I\cdot\cos\alpha}{d^2}$$

其中：

I 是评价 E_{thr} 位置所在方向的光强；

d 是光源到该位置的距离；

α 是光源的方向和评价 E_{thr} 所在平面法线的夹角，图 4-17 所示为测量示意。

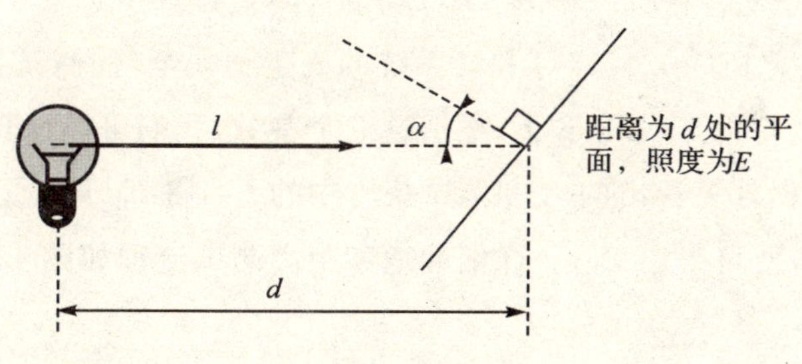

图 4-17　测量示意

照度 E_{thr}、距离 d 和光强 I 的关系如上面的公式所示，其中，光强 I、夹角 α 可以由分布光度计测量得出，只要确定了照度 E_{thr}，就可以计算出危害距离。

按照 IEC 62471 的定义，当产品在相关评价位置产生上升到某一 t_{max} 值时的相应危险分类见表 4-8。

表 4-8　t_{max} 值时的危险分类

危险组别	名　称	相应的 t_{max} 的范围(s)
无危害	免除	＞1000
Ⅰ类危害	低危害	100～1000
Ⅱ类危害	中危害	0.25～100
Ⅲ类危害	高危害	＜0.25

E_{thr}(lx)为照度值的阈，不考虑光源的 L_B 值，低于这个阈的光源不会引起 $t_{max}<100s$。可以通过 $t_{max}=100s$ 时 E_B 值进行计算，其中 $E_B=1W/m^2$，并将其除以光源光谱相应的 $K_{B,V}$ 值。用 IEC 62471 定义的蓝光光谱加权函数进行光谱加权的辐照度。其中：$K_m=683\ lm/W$。

下述公式中的 $\phi_\lambda(\lambda)$ 可以用 $L_\lambda(\lambda)$ 或 $E_\lambda(\lambda)$ 代替。

$$K_{B,V}=\frac{\int\phi_\lambda(\lambda)\cdot B(\lambda)d\lambda}{K_m\int\phi_\lambda(\lambda)\cdot V(\lambda)\cdot d\lambda}$$

$$K_{B,V}=L_B/L=E_B/E$$

根据公式 $K_{B,V}=L_B/L=E_B/E$，E_{thr} 的计算过程如下：

首先，根据 IEC 62471《灯和灯系统的光生物安全》的测试报告，我们可以获得已知的灯的 L_B、E_B 和 E，根据这三个参数，我们可以计算得出 L；

其次，根据计算得出的 L 和测试报告中的 L_B，将 E_B 用 $t_{max}=100s$ 时的 $1W/m^2$ 代入，便可得出 E_{thr}。详细的危害距离测试流程如图 4-18 所示。

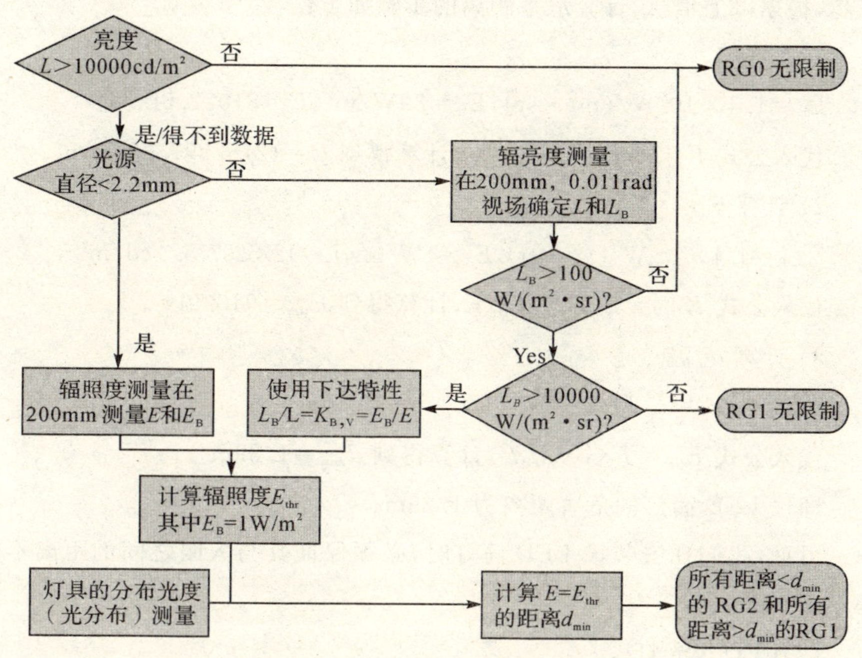

图 4-18　危害距离测试流程

4.5.2　危害距离的计算实例

(1)LED 筒灯

LED 筒灯由 7 颗 LED 光源组成，每颗光源 0.7W，共 4.9W。

LED 筒灯逐渐成为我们常用的室内照明，与传统的筒灯相比，LED 筒灯因其使用的 LED 光源颗数多且亮度大，容易造成眼睛的闪烁和不舒适，严重的还会造成人眼视网膜的损伤。那么像这类 LED 筒灯合适的安全使用距离是多少呢？下面我们将举例进行测试和计算。首先，根据标准 IEC 62471《灯和灯系统的光生物安全》要求，在 200mm 的距离下对 LED 筒灯光生物安全指标进行测试，所得到的测试结果为 3 类视网膜蓝光危害，其测试数据为：$L_B=1.4\times10^5\,W/(m^2\cdot sr)$，$t_{max}(L_B)=7s$；$E_B=89W/m^2$，$t_{max}(E_B)=1s$；光照度 $E=81072.5lx$。其次，经过分布光度计的测试，得到该 LED 筒灯的最大光强为中心光强，故夹角 $\alpha=0°$，中心光强即最大光强 3242.9cd。第三步，根据以上信息，计算危害距离的步骤如下：

1）计算 L

$L_B=1.4\times10^5\,W/(m^2\cdot sr)$，$E_B=89W/m^2$，$E=81072.5lx$，

代入公式 $K_{B,v}=L_B/L=E_B/E$，计算得到 $L=127529775.3cd/m^2$。

2）计算 E_{thr}

$L_B=1.4\times10^5\,W/(m^2\cdot sr)$，$E_B=1W/m^2$，$L=127529775.3\,cd/m^2$，

代入公式 $K_{B,v}=L_B/L=E_B/E$，计算得到 $E_{thr}=910.9lx$。

3）计算 d_{min}

$\alpha=0°$，$\cos\alpha=1$，$I=3242.9cd$，$E_{thr}=910.9lx$。

代入公式 $E_{thr}=I\times\cos\alpha/d^2$，计算得到 $d_{min}=1.89m$。

即该 LED 筒灯的危害距离为 1.89m。

可见，我们在安装该 LED 筒灯时，必须保证其与人眼之间的距离不能小于 1.89m。

(2)LED 投光灯

投光灯一般用于室外空间照明、公共场合的标识，以及娱乐场所制造独特的灯光效果、LED 显示屏广告等。本例中的 LED 投光灯功率为 200W。

首先，在 200mm 的距离下进行 IEC 62471《灯和灯系统的光生物安全》的测试，所得到的测试结果为 2 类视网膜蓝光危害，$L_B=3.7\times10^3\,W/(m^2\cdot sr)$，$t_{max}(L_B)=271s$；$E_B=56W/m^2$，$t_{max}(E_B)=1s$；光照度 $E=49372.5lx$。

其次，经过分布光度计的测试，该 LED 投光灯的最大光强为中心光强，故夹角 $\alpha=0°$，中心光强即最大光强 1974.9cd。

根据以上信息，计算危害距离的步骤如下：

1）计算 L

$L_B=3.7\times10^3\,W/(m^2\cdot sr)$，$E_B=56W/m^2$，$E=49372.5lx$，

代入公式 $K_{B,v}=L_B/L=E_B/E$，计算得到 $L=36262111.6cd/m^2$。

2）计算 E_{thr}

$L_B=3.7\times10^3\,W/(m^2\cdot sr)$，$E_B=1W/m^2$，$L=36262111.6cd/m^2$，

代入公式 $K_{B,v}=L_B/L=E_B/E$，计算得到 $E_{thr}=881.7lx$。

3)计算 d_{min}

$\alpha=0°, \cos\alpha=1, I=1974.9cd, E_{thr}=881.7lx$，

代入公式 $E_{thr}=I\times\cos\alpha/d^2$，计算得到 $d_{min}=1.50m$，

即该款 LED 投光灯在安装使用时，建议的安全使用距离为1.50m 。

第5章　检测举例

为了更清楚地了解各类典型产品的光生物安全检测过程，以及对有危害等级产品或项目的整改方法，编者按照8类光生物安全指标选取了典型样品进行检测分析，详细说明了测试要求、测试结果、结果判定和分析，以及危害防范措施等信息，同时将照明产品对人体的光辐射安全风险进行了分析和应对讲解，最后给出消费者正确安全使用照明产品的建议，目的是让企业、技术部门、政府等相关各方对照明产品的光生物安全要求均有比较直接和感观的理解，以求在各方的共同努力下进一步提升照明产品的光生物安全质量。

5.1　光化紫外辐照度

5.1.1　产品信息

美甲灯，外观尺寸为25cm×23cm，由4根9W的单端荧光灯组成，灯具照片和光源照片如图5-1和图5-2所示：

图5-1　美甲灯

图 5-2 美甲灯光源

5.1.2 测试条件

美甲灯为非普通照明用灯具，200mm 时测得的光照度小于 500lx，所以采用测量距离为 200mm 的条件进行测试，光照度为 496.6lx。

5.1.3 测试结果

（1）美甲灯测量光谱辐射分布见图 5-3。

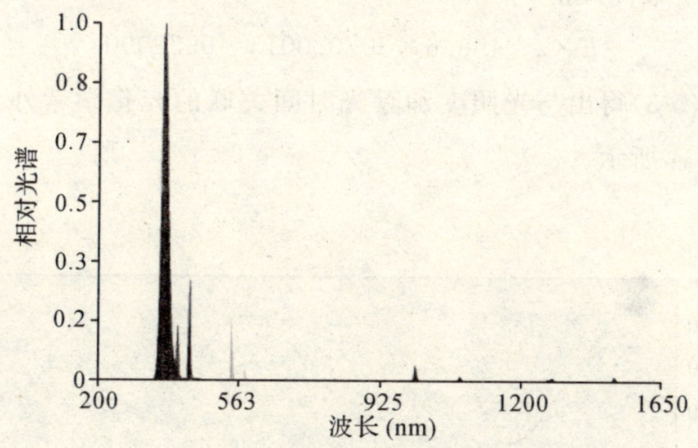

图 5-3 美甲灯光谱辐射分布

（2）光照度 E：496.6lx 。

（3）皮肤和眼睛的光化学危害有效辐射照度 $E_s = 1.5 \times 10^{-3}\, W/m^2$ 。

5.1.4 结果判定和分析

(1)皮肤和眼睛的光化学紫外危害

标准规定，入射到没有采取保护措施的皮肤和眼睛的紫外辐射的曝辐限值仅适用于照射时间在8h以内的情况。在任何一天总连续超过8h的辐射在这里都不予考虑。有效辐射的曝辐限值为30J/m²。为了保护眼睛或者皮肤不受由宽带光谱光源产生的紫外辐射的损伤，光源的有效积分光谱辐照度 E_s 不应超过由IEC 62471标准中公式(10)定义的限值，即

$$E_s \times t \leqslant 30\text{J/m}^2 \tag{5-1}$$

根据公式(5-1)得出美甲灯光化学危害值＝1.5×10^{-3}×8×60×60＝43.2＞30(J/m²)，因此认为美甲灯会对皮肤和眼睛产生光化学紫外危害。

(2)建议的使用时间

由于光谱是相对不变的，以上公式可以转化为

$$E \times t \leqslant E/E_s \times 30 \tag{5-2}$$

将测试结果代入得

$$E \times t \leqslant 496.6 \times 30/0.0015 = 9932000 \tag{5-3}$$

由公式(5-3)得出与光照度和曝光时间关联的光化学紫外危害的评价曲线，如图5-4所示。

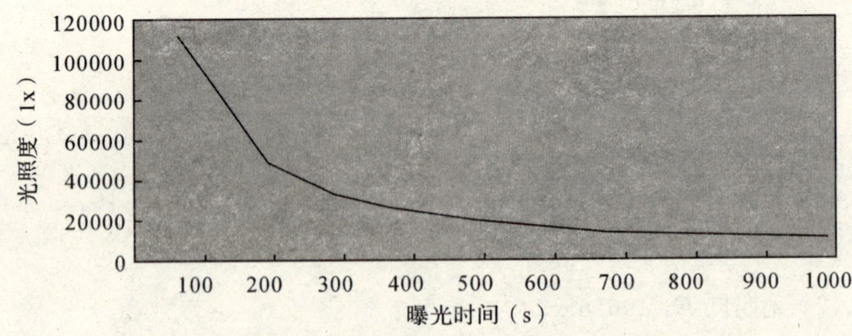

图5-4 光化学紫外危害评价曲线

如图 5-4 所示为被测光源皮肤和眼睛的光化学紫外危害评价曲线，表明评价曲线以上区域为可造成危害区，曲线以下区域是无光化学紫外危害的安全区域。清楚了照度和曝光时间之间的关系能帮助我们在使用过程中更好地控制危害的产生。举例说明：曝光时间 1000s、光照度 9930lx 在图中处于评价曲线以下区域，因此不会造成光化学紫外危害；而曝光时间 1000s、光照度 9935lx 处于评价曲线以上区域，则会造成光化学紫外危害。

由评价曲线图和以上计算公式可知：当曝光时间设为 8h（约 30000s）时，只要将光照度控制在 331.1lx 以下就不会引起光化学紫外危害。但是美甲灯在正常使用时，光源与手指尖的距离小于 200mm，光照度一般为 500lx 左右，因此人们在美甲灯以正常照度照射下工作 8h 会引起皮肤和眼睛的光化学紫外危害。当照度为 500lx 时，根据公式(5-3)我们可以推算出该款紫外美甲灯正常使用时的建议时间为 $t \leqslant 19864$s，因此美甲灯的使用时间应控制在 19864s 以内，该时间段内光化学紫外危害风险相对较少。

(3)危害原因分析

紫外线美甲灯是通过激发灯管内的汞原子形成低压汞蒸气产生紫外线，达到固化指甲油的效果。裸露的肌肤在这类紫外灯长久的照射下，紫外辐射会深入肌肤，破坏皮肤结构，轻者会出现红肿、疼痛、脱皮等情况，重者会出现皮肤癌变等。同时它也是眼睛的“隐形杀手”，会引起结膜、角膜发炎，长期长时间照射会导致白内障。

5.1.5 危害防范措施

对于实例中所测的紫外线美甲灯，由于其使用的特殊性，在使用的时候必须保持一定的紫外辐射量，才能达到固化指甲油的效果。因此，我们在日常使用时，首先要仔细阅读美甲灯说明书，因灯功率设计不同，照射时间也不同。其次，尽量不要长时间照射手部，一般固化时间保持 10～30 分钟，最长时间不要超过 1 小时。照射前在手部适当涂抹防晒护肤品，照射时避免眼睛直视光源，尽量避免儿童在附近逗留。同时要保持灯具的完整性，防止其外部防护罩已经损坏、有紫外光泄露还继续使用的情况。

5.2 近紫外辐照度

5.2.1 产品信息

宠物环境净化灯，由 6 颗 LED 贴片组成，工作电压为 90～250V，产品功率为 3W，产品尺寸为 9.5cm×5cm。样品照片详见图 5-5 和图 5-6。

图 5-5 宠物环境净化灯

图 5-6 宠物环境净化灯内部结构

5.2.2 测试条件

宠物环境净化灯为非普通照明用灯具，200mm 时测得的光照度小于 500lx，所以采用测试距离为 200mm 的条件进行测试，光照度为 293.1lx。

5.2.3 测试结果

(1)宠物环境净化灯测量光谱分布如图 5-7 所示。

(2)光照度 E：293.1lx。

(3)眼睛的近紫外危害有效辐射照度 $E_{UVA}=35W/m^2$。

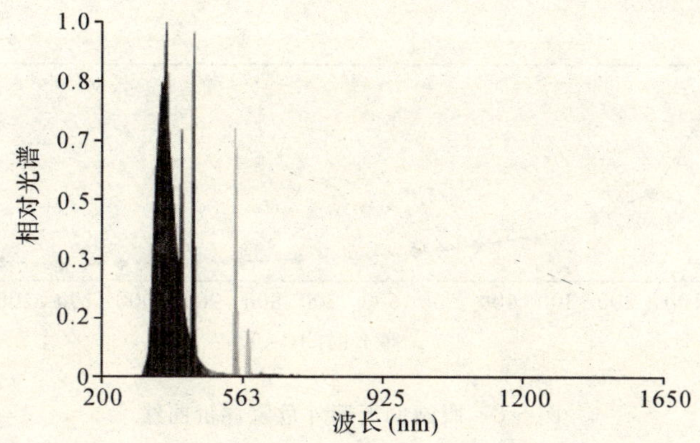

图 5-7 宠物环境净化灯光谱分布

5.2.4 结果判定和分析

(1) 眼睛的近紫外危害

光谱范围在 315～400nm(UVA)之间的光辐射对眼睛的总的曝光量，在时间小于 1000s 的情况下不能超过 1000J/m²；在时间大于 1000s 的情况下，对没有保护措施的眼睛的 UVA 波段辐照度 E_{UVA} 不应超过 10W/m²。由 IEC 62471 标准中公式(12)得到限值：

$$E_{UVA} \times t \leqslant 10000\mathrm{J/m^2} \ (t \leqslant 1000\mathrm{s}) \tag{5-4}$$

$$E_{UVA} \leqslant 10\mathrm{W/m^2} \ (t > 1000\mathrm{s}) \tag{5-5}$$

(2)建议的使用时间

与皮肤和眼睛的光化学紫外危害相同，由公式(5-4)和(5-5)及光照度和眼睛的近紫外危害有效辐射照度的正常比例关系，得

$$E \times t \leqslant E/E_{UVA} \times 10000 = 83742.857 \ (t \leqslant 1000\mathrm{s}) \tag{5-6}$$

$$E \leqslant E/E_{UVA} \times 10 = 83.743 \ (t > 1000\mathrm{s}) \tag{5-7}$$

由公式(5-6)和(5-7)可得与光照度和曝光时间关联的眼睛的近紫外危害的评价曲线，如图 5-8 所示。

如图 5-8 所示为被测光源眼睛的近紫外危害评价曲线，表明评价曲线以上区域为可造成危害区，曲线以下区域是眼睛的近紫外危害的安全区域。

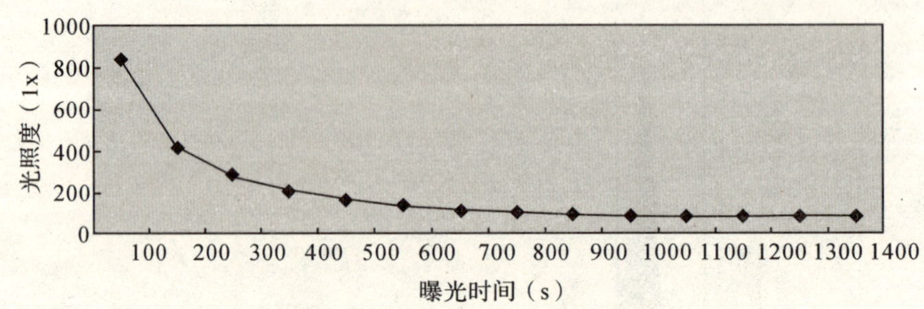

图 5-8 眼睛的近紫外危害评价曲线

清楚了光照度和曝光时间之间的关系能帮助我们在使用过程中更好地控制危害的产生。举例说明：曝光时间 1000s、光照度 80lx 在图中处于评价曲线以下区域，因此不会造成眼睛的近紫外危害；而曝光时间 1000s、光照度 90lx 处于评价曲线以上区域，则会造成眼睛的近紫外危害。

由评价曲线图和以上计算公式可知：当曝光时间设为 8h（约 30000s）时，只要将光照度控制在 83.743lx 以下就不会引起眼睛的近紫外危害。当光照度为 500lx 时，根据公式(5-6)我们可以推算出该款宠物环境净化灯正常使用时的建议时间为 $t \leqslant 167.5$s，也即，提醒消费者如果在环境净化时，人体目视或曝露在宠物环境净化灯的时间应控制在 167.5s 以内。

(3) 危害原因分析

宠物环境净化灯是用 LED 芯片产生近紫外线，达到杀菌的效果。眼睛在这类紫外灯长久的照射下，会引起结膜、角膜发炎，长期长时间照射会导致白内障。

5.2.5 危害防范措施

对于实例中所测的宠物环境净化灯，由于其使用的特殊性，在使用的时候必须保持一定的紫外辐射量，才能达到净化的效果。我们在日常使用时，尽量不要在宠物环境净化灯附近逗留，避免在使用时眼睛直视光源，注意人体在净化环境的曝露时间不宜过长。同时要保持灯具的完整性，否则在防护罩损坏的情况下使用会大大增加受危害的风险。

5.3 蓝光辐亮度

5.3.1 产品信息

LED 投光灯，功率为 200W，由 4 颗大功率 LED 组成，有反光罩，外观尺寸为 350mm×450mm。样品照片如图 5-9 所示：

图 5-9 LED 投光灯

5.3.2 测试条件

灯具与探头之间的距离为 200mm，测试电压为 220.0V，光照度为 49372.5lx。LED芯片的直径为 15mm。

5.3.3 测试结果

(1) LED 投光灯光谱分布如图 5-10 所示。

(2) 光照度 E：49372.5lx。

(3) 蓝光危害辐照度 $E_B = 56W/m^2$。

(4) 视网膜蓝光危害辐亮度 L_B：3700W/($m^2 \cdot sr$)。

(5) 经过分布光度计的测试，该 LED 投光灯的最大光强为中心光强，故夹角 $\alpha = 0°$。

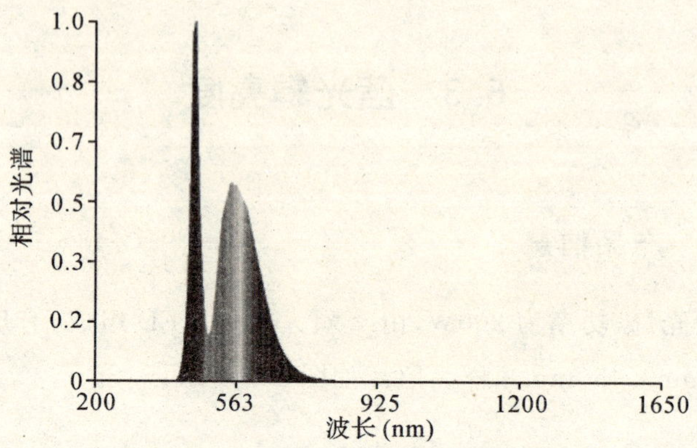

图 5-10 LED 投光灯光谱分布

5.3.4 结果判定和分析

(1)视网膜蓝光危害

蓝光加权辐亮度 L_B 不应超过 10^6 J/(m^2 · sr)($t \leqslant 10^4$ s)或 100W/(m^2 · sr)($t > 10^4$ s),因此可得:

$$L_B \times t \leqslant 1000000(\mathrm{J/m^2 \cdot sr}) \quad (t \leqslant 10000\mathrm{s}) \tag{5-8}$$

$$L_B \leqslant 100(\mathrm{W/m^2 \cdot sr}) \quad (t > 10000\mathrm{s}) \tag{5-9}$$

(2)建议的使用时间

由于 $L_B = 3700$W/(m^2 · sr) > 100W/(m^2 · sr),可知曝光时间不应大于 10000s。

将 L_B 值代入公式(5-8)得

$$t \leqslant 1000000 \div 3700 = 271\mathrm{s}$$

所以允许的最大曝光时间为 271s。

即在 200mm 处,该 LED 投光灯持续使用时间超过 271s 会造成对视网膜的蓝光危害。

(3)危害距离的计算

首先,在 200mm 的距离下进行 IEC 62471《灯和灯系统的光生物安全》的测试,所得到的测试结果为Ⅱ类视网膜蓝光危害 $L_B = 3.7 \times 10^3$ W/(m^2 ·

sr)，$t_{max}(L_B)=271s$；$E_B=56W/m^2$，$t_{max}(E_B)=1s$；光照度 $E=49372.5lx$。

其次，经过分布光度计的测试，该 LED 投光灯的最大光强为中心光强，故夹角 $\alpha=0°$，中心光强即最大光强 1974.9cd。

根据以上信息，计算危害距离的步骤如下：

根据公式

$$K_{B,V}=L_B/L=E_B/E \tag{5-10}$$

计算得到 $L=36262111.6cd/m^2$，

当曝光时间为 100s 时，$E_B=1W/m^2$，

根据公式(5-10)计算得到 $E_{thr}=881.7lx$，

当 $\alpha=0°$，$\cos\alpha=1$，$I=1974.9cd$，$E_{thr}=881.7lx$，

根据公式

$$E_{thr}=I\times\cos\alpha/d^2 \tag{5-11}$$

计算得到 $d_{min}=1.5m$，即该 LED 投光灯的危害距离为 1.5m，当 LED 投光灯的使用距离大于 1.5m 时，对眼睛造成视网膜蓝光危害的风险较少。

(4) 危害原因分析

LED 投光灯是用 LED 芯片产生蓝光，激发黄色荧光粉后产生白光，达到照明的效果。但是因为 LED 投光灯发出的光线比较强烈，而且可能存在频闪现象，眼睛在这类灯长久的照射下，会感觉疲劳、干涩。另外，由于其中所含的蓝光比例较高，所以容易产生视网膜蓝光危害，日积月累会引起结膜、角膜发炎，长期长时间照射会导致白内障。

5.3.5 危害防范措施

对于实例中所测的 LED 投光灯，建议在使用该类灯具时，谨记一是一定要在安全距离内使用，二是一定不要用眼睛直视光源，三是如果遇到必须要短时间直视光源的情况(比如调试时)，请戴上护目镜。

5.4 蓝光小光源辐照度

5.4.1 产品信息

LED 手电筒，功率为 5W，由单颗大功率 LED 组成，有透光罩，外观尺寸为 20mm×80mm。样品照片如图 5-11 所示：

图 5-11 LED 手电筒

5.4.2 测试条件

灯具与探头之间的距离为 200mm，光照度为 81072.5lx。LED 芯片的直径为 15mm。

5.4.3 测试结果

(1)LED 手电筒光谱分布见图 5-12。

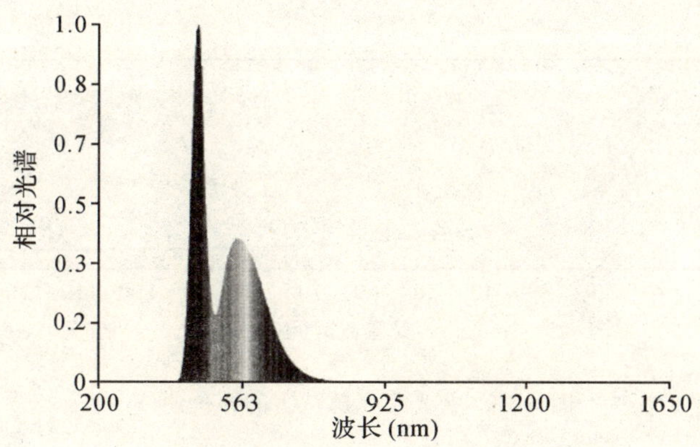

图 5-12 LED 手电筒光谱分布

(2)光照度 $E=317\text{lx}$,

(3)蓝光小光源辐照度 $E_B=2.1\text{W/m}^2$。

(4)对边角 $\alpha=0.004\text{rad}$。

5.4.4 结果判定和分析

(1) 蓝光小光源危害

对于对边角小于 0.0011rad 的小型光源,在曝光时间小于 100s 时,蓝光的加权辐照度 E_B 与时间的乘积不得超出 100J/m^2,在曝光时间大于 100s 时,蓝光的加权辐照度 E_B 与时间的乘积不得超出 1W/m^2,由 IEC 62471 标准中公式(16)得出限值:

$$E_B\times t\leqslant 100\text{J/m}^2(t\leqslant 100\text{s}) \tag{5-12}$$

$$E_B\leqslant 1\text{W/m}^2 \quad (t>100\text{s}) \tag{5-13}$$

(2) 建议的使用时间

与皮肤和眼睛的光化学危害相同,由公式(5-12)和(5-13)及光照度和蓝光小光源危害有效辐射照度的常比例关系得

$$E\times t\leqslant E/E_B\times 100=15095(t\leqslant 100\text{s}) \tag{5-14}$$

$$E\leqslant E/E_B\times 1=150.9(t>100\text{s}) \tag{5-15}$$

由公式(5-14)和(5-15)可得与光照度和曝光时间关联的蓝光小光源危害的评价曲线,如图 5-13 所示。

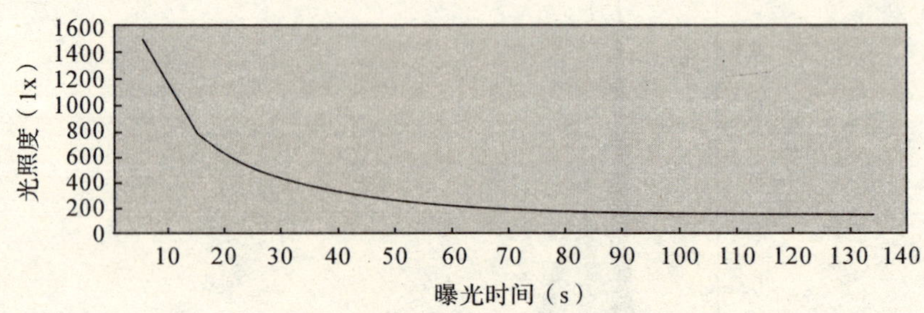

图 5-13 蓝光小光源危害的评价曲线

如图所示为被测光源眼睛的蓝光小光源危害评价曲线，表明评价曲线以上区域为可造成危害区，曲线以下区域是蓝光小光源危害的安全区域。清楚了光照度和曝光时间之间的关系能帮助我们在使用过程中更好地控制危害的产生。举例说明：曝光时间 100s，光照度 145lx 在图中处于评价曲线以下区域，因此不会造成蓝光小光源危害；而曝光时间 100s，光照度 160lx 处于评价曲线以上区域，则会造成蓝光小光源危害。

由评价曲线图和以上计算公式可知：当曝光时间设为 8h（约 30000s）时，只要将光照度控制在 150.9lx 以下就不会引起蓝光小光源危害。但是 LED 手电筒在正常使用时，正常照明光照度一般为 500lx 左右，人们在 LED 手电筒正常照度下照射 8h 会引起眼睛的蓝光小光源危害。因此 LED 手电筒的使用照度应控制在 150.9lx 以内。严禁近距离照射，根据公式(5-14)，若达到 500lx 的光照度，持续时间不能超过 30s。

(3) 危害原因分析

LED 手电筒是用 LED 芯片替代了传统的钨丝灯泡，原理和 LED 灯具相似，由于其所含的蓝光比例较高，所以容易产生蓝光小光源危害。因手电筒有聚光的效果，其光线更集中，发出的白光更刺眼，对眼睛的伤害更严重，长时间照射会破坏眼睛机能，甚至导致失明的风险。

5.4.5 危害防范措施

对于实例中所测的 LED 手电筒，在使用时应避免手电筒照射人和动物的眼睛，避免儿童拿手电筒玩耍照伤同伴。在黑暗中，用手电筒近距离照射一定要控制在 30s 内，否则眼睛受损的风险极高。如果可以调节光线的明暗，请先调到弱光档，给眼睛以适应的时间。

5.5　视网膜热危害辐亮度

5.5.1　产品信息

浴霸，外观尺寸为 18cm×20cm，每个浴霸实测功率为 275W，日常使用的浴霸通常由 2～4 个灯泡组成，见图 5-14 和图 5-15。

图 5-14　浴霸

图 5-15　浴霸灯

5.5.2　测试条件

因为浴霸灯泡有照明效果，本次测试将其作为普通照明用考虑，测试在照度为 500lx 的条件下进行测试，距离为 739mm。

5.5.3　测试结果

(1) 浴霸灯光谱辐射分布见图 5-16。

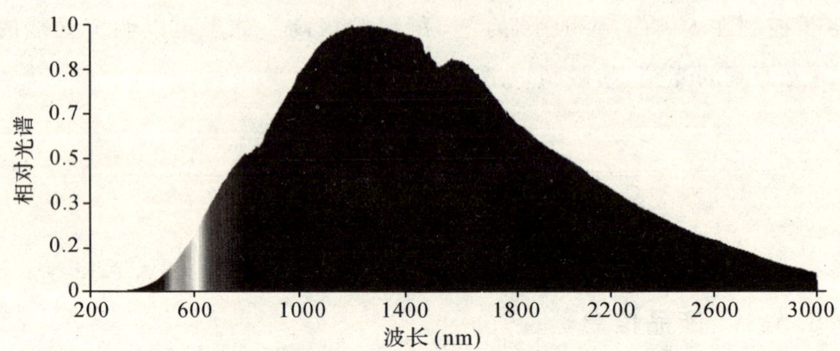

图 5-16 浴霸灯光谱辐射分布

(2) 光照度 E=500lx。

(3) 视网膜热危害辐亮度 $L_R=1\times10^7\ \mathrm{W/(m^2\cdot sr)}$。

(4)对边角 α=0.0108rad。

5.5.4 结果判定和分析

为了防止视网膜热损伤,光源的光谱积分辐亮度 L_λ 与灼伤危害加权函数 $R(\lambda)$加权后得出的值,也就是热危害加权辐亮度不应超过 IEC 62471 标准中公式(18)定义的限值。该限值主要针对脉冲光辐射和连续强光辐射情况。因为存在眼睛运动、瞳孔收缩、眼睑闭合等人眼自身的回避反应,曝光时间大于 10s 的情况不需要考虑,如下式:

$$L_R\leqslant50000/\alpha\times t^{0.25}(10\mu s\leqslant t\leqslant10s)(\mathrm{W/(m^2\cdot sr)})\qquad(5\text{-}16)$$

对于曝光时间小于 10μs 的情况,视网膜热危害有效曝光量不能超过 10μs 时所对应的曝辐限值;对于曝光时间大于 10s 的情况,视网膜热危害有效曝光量不能超过 10s 时所对应的曝辐限值。由公式(5-16)发现 t 越大,限值越小,设 t=10s,将对边角 α=0.0108rad 代入,得

$$L_R=50000/0.0108\times10^{0.25}\approx2.6\times10^6\ \mathrm{W/(m^2\cdot sr)}\qquad(5\text{-}17)$$

视网膜热危害:$L_R=1\times10^7\ \mathrm{W/(m^2\cdot sr)}>2.6\times10^6\ \mathrm{W/(m^2\cdot sr)}$。

综合以上分析可知在 739mm 处,该灯会产生视网膜热危害。但在其

他距离和曝光时间要另外考虑。

将测试值 $L_R=1\times10^7\ W/(m^2\cdot sr)$代人公式(5-16)得

$$t\approx0.82s$$

所以在 739mm 使用距离下建议眼睛注视的最大时间为 0.82s。

5.5.5 危害原因分析

浴霸灯泡是通过红外灯泡的热辐射来升高光照区域内的温度。浴霸灯泡因取暖面积小,属于局部取暖,仅对能辐射到的局部区域加热效果明显,在灯泡能够照射到的区域产生大量的热辐射。在冬季洗澡时往往是 4 个灯泡全都点亮,多数浴霸每个灯泡的功率均为 275W,4 个灯泡加在一起就是 1100W,其热辐射更强。经常长时间使用浴霸灯,会出现头晕日眩、失眠、注意力不集中、食欲下降等症状,这是因为过于耀眼的灯光干扰了人体大脑的中枢神经功能。

5.5.6 危害防范措施

经统计,一个人每分钟要眨眼 10 余次,每次眨眼要用 0.3~0.4s,每二次之间相隔约 2.8~4s,远大于眼睛注视的最大时间 0.82s,因此,建议人体不要直视正在使用的浴霸灯泡,否则会产生视网膜热损伤。

婴幼儿洗澡,通常是被放在盆中的,导致眼睛仰视上方,如果顶部刚好有浴霸亮着,孩子的眼睛肯定会受到热辐射危害,所以千万不要让孩子仰面朝上洗澡的同时打开浴霸,否则将给孩子未来的视力造成永久性伤害。防护办法当然是使眼睛不和浴霸灯泡正面直接接触,可以坐在它下方的侧面,眼睛看不到浴霸,或索性背向着它,得其暖而避开它的伤害。

5.6 视网膜的热的微弱的视觉刺激辐亮度

5.6.1 产品信息

对于视网膜热微弱危害,测试的样品还是同一款浴霸灯,见图 5-14 和

图 5-15 所示。

5.6.2 测试条件

测试同 5.5.2 条测试条件，在照度为 500lx 的条件下进行测试，距离为 739mm。

5.6.3 测试结果

(1)浴霸灯光谱辐射分布见图 5-16。

(2)光照度 $E=500\text{lx}$。

(3)视网膜热微弱危害辐亮度 $L_{IR}=3.3\times10^{7}\text{W}/(\text{m}^2\cdot\text{sr})$。

(4)对边角 $\alpha=0.0108\text{rad}$。

5.6.4 结果判定和分析

对于一个红外热光源或者是任何近红外的光源，它们所产生的微弱视觉刺激不足以产生不适反应，当用眼睛观察且曝光时间大于 10s 时，其近红外(波长 780～1400nm)辐亮度 L_{IR}应被限制在：

$$L_{IR}\leqslant 6000/\alpha(t>10\text{s})(\text{W}/\text{m}^2\cdot\text{sr}) \tag{5-18}$$

将对边角 $\alpha=0.0108\text{rad}$ 代入，得

$$L_{IR}=6000/0.0108\approx555555.6\text{W}/(\text{m}^2\cdot\text{sr})$$

而 $L_{IR}=3.3\times10^{7}>555555.6(\text{W}/\text{m}^2\cdot\text{sr})$。

综合以上分析可知在 739mm 处，该灯会产生视网膜热微弱危害。但在其他距离要另外考虑。

5.6.5 危害原因分析

浴霸往往安装在浴室的天花板上，人在使用时会有意或无意地去直视浴霸灯，由于浴霸与人眼的距离比较近，浴霸在工作时产生的强光会引起微弱视觉刺激，如直视时间过长，会灼伤眼睛，引发视网膜炎症甚至白内障。

5.6.6 危害防范措施

使用浴霸灯泡不仅要避免灯泡的视网膜热损伤，也要避免视网膜热微弱危害。保持在合适的照射距离下使用，视网膜热微弱危害相对较弱，如果距离减少会增加危害风险，在装修的时候，要注意浴霸的安装高度，保证浴霸与人体身高之间的距离。

5.7 眼睛的红外辐射辐照度

5.7.1 产品信息

激光对准器，由内置电池供电，如图 5-17 所示。

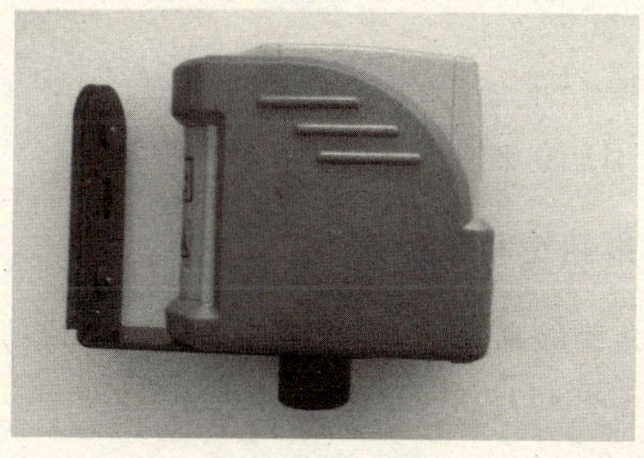

图 5-17 激光对准器

5.7.2 测试条件

因为激光对准器为非普通照明用，测试时选定 200mm 为测量距离，测得的光照度为 1629.7lx。

5.7.3 测试结果

(1)激光对准器光谱辐射分布见图 5-18。

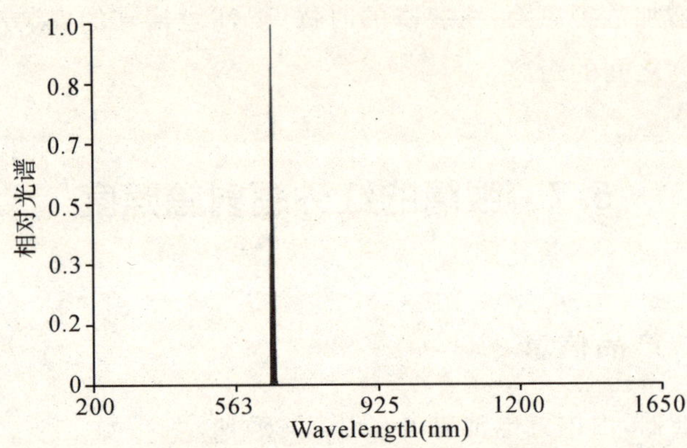

图 5-18 激光对准器光谱辐射分布

(2)光照度 $E=1629.71\text{lx}$。

(3)眼睛的红外辐射照度 $E_{IR}=3.9\times10^{-4}\,\text{W/m}^2$。

5.7.4 结果判定和分析

为了避免对角膜的直接危害和对晶状体可能造成的后效危害(白内障),曝露时间在 1000s 以内红外辐射(波长 780～3000nm)的在眼睛的曝辐照度 E_{IR}该被限制在:

$$E_{IR}\leqslant 18000\times t^{-0.75}\,\text{W/m}^2\,(t\leqslant 1000\text{s}) \tag{5-19}$$

而曝露时间超过 1000s 的曝辐照度限值为

$$E_{IR}\leqslant 100\,\text{W/m}^2\,(t>1000\text{s}) \tag{5-20}$$

由以上公式(5-19)和(5-20)可以得出曝露时间越大,E_{IR}的曝辐限值越小,但是当 t 大于 1000s 直至无穷大的时候 E_{IR}的限值不超过 100W/m^2。即 $E_{IR}\leqslant 100\text{W/m}^2\leqslant 18000\times t^{-0.75}\,\text{W/m}^2$,由于测量值 $3.9\times10^{-4}\,\text{W/m}^2<$曝辐射限值 100W/m^2,所以该激光对准器在 200mm 处不会产生红外辐射

危害。

5.7.5　危害原因分析

红外线对于人体的皮肤和眼睛的损害作用不同于紫外线，红外照射所产生的反应是由于分子振动和温度升高所引起的。红外线引起的热辐射对皮肤的穿透力超过紫外线，它通过热辐射效应使皮肤温度升高、毛细血管扩张和充血、增加表皮水分蒸发等直接对皮肤造成不良影响。同时红外线会直接作用于眼睛角膜，造成白内障的危险。

5.7.6　危害防范措施

在本实验室日常测试中还未发现有眼睛的红外辐射危害的灯具和光源，分析原因一方面是由于能够产生红外辐射的灯具都有特殊用途，会产生高热量，一般在日常生活中不易碰到。另一方面是由于标准对于红外辐射的限值已经比较大了，极少数有超过标准限值的灯。但是我们在日常生活中对于产生高温红外的光源，如红外理疗灯、激光等还是要避免眼睛长久直视，不要让皮肤长时间地曝露在这种强光之下。

5.8　皮肤热危害辐照度

5.8.1　产品信息

白炽灯泡，220V/200W 交流供电，产品如图 5-19 所示。

5.8.2　测试条件

考虑到能获得相对明显的热辐射危害值，在本例测试时选定 200mm 位置作为测量距离。测得的光照度为 2467.8lx。

图 5-19 白炽灯泡

5.8.3 测试结果

(1)白炽灯泡光谱辐射分布见图 5-20。

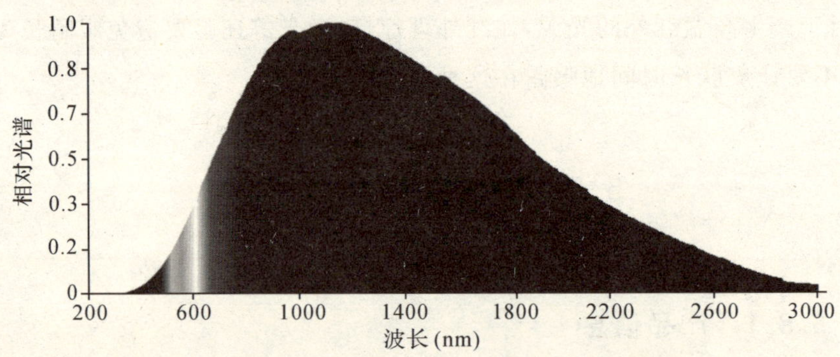

图 5-20 白炽灯泡光谱辐射分布

(2)光照度 E=2467.8lx。

(3)皮肤热危害辐照度 $E_h=1.1\times10^2\,W/m^2$。

5.8.4 结果判定和分析

可见光和红外辐射(波长 380～3000nm)对皮肤的辐射应被限制在

$20000\times t^{0.25}$ J/m^2($t\leqslant$10s)：

$$E_h\times t\leqslant 20000\times t^{0.25}\ \mathrm{J/m^2}\ (t\leqslant 10\mathrm{s}) \tag{5-21}$$

由公式(5-21)可以得出，辐照时间越大，E_h 的曝辐限值越小，皮肤由于机体组织温度的升高而导致损害，仅适用于小面积辐照的情况。标准未提供辐照时间 $t>10$s 的曝辐限值，因为在低于产生皮肤伤害的温度下，人体就会有剧烈的疼痛感，因此人受到的辐照常常被限定在舒适的程度。按公式(5-21)，设 $t=10$s，E_h 限值为 3.56×10^3 W/m^2，由于测量值 1.1×10^2 W/m^2 < 3.56×10^3 W/m^2，所以该白炽灯在 200mm 处不会产生皮肤热危害。

需要说明的是，标准里的曝辐限值由于人与环境之间的热交换、身体的运动以及其他各种因素影响，仅限于对人体小面积辐照和热应力的评价和考核，对大面积的辐照和热应力的评价和考核，以及建立产品安全标准等未在 IEC 62471 标准范围内。

5.8.5 危害原因分析

白炽灯是典型的利用热能激发的光源，白炽灯泡在由电能转化为热能、热能转化为光能的过程中，发光效率低、热能损耗高，热能损耗会导致白炽灯泡及周围环境温度过高，从而引起对人体的热危害，如室温过高导致的人体不适，或者距离过近引起的灼伤甚至烫伤。

5.8.6 危害防范措施

在实验室的日常测试中很少发现产生皮肤热危险的灯具和光源，分析原因，目前荧光灯、LED 光源被广泛使用，很大程度上替代了白炽灯，荧光灯、LED 两种光源都属于冷光源，发光效率较高，转换成的热能相对白炽灯要少得多，因此光源及周围温度不会很高，所以一般不会对人体产生热危害。所以为了防止热危害的产生，可以尽量选择使用荧光灯、LED 光源，假如必须使用白炽灯，则在使用时应充分考虑白炽灯灯具周围的环境温度的高低、灯具自身的散热情况、使用距离以及摆放的位置等等。总之，对于常规使用的白炽灯灯具产品，不要用身体直接接触光源，不要用手直接去触摸灯罩，避免灯具翻倒接触布艺台面，避免落地灯靠近布艺窗帘。只要做到正确使用、小心热源就不会发生热危害。

5.9 产品整改

前面几个条款主要是针对标准中的 8 种危害，选择了相对典型的灯或灯系统进行实际检测、结果判定、危害原因分析以及提出危害防范措施的建议，期望读者通过检测案例的分析能进一步了解标准的要求。本条主要针对编者在实际的检测过程中对产品的整改经验，从光源选取、材料及工艺控制、成形后整机产品的防护措施采取等方面综合、系统地提出一些切实有效的整改建议，希望能对各方读者有一定的启发。

5.9.1 光源的选取

光辐射中的紫外线和蓝光辐射对人体的危害最为显著，会对眼睛造成近紫外辐射损伤、视网膜蓝光光化学损伤，对人体皮肤造成热辐射损伤。随着 LED 技术的发展和市场需求的增加，LED 芯片的辐射亮度大幅度提高，光束越来越窄，加上部分制造商对 LED 紫外和蓝光波段芯片的过度使用，极易出现泄漏紫外线和蓝光而造成对人体的伤害。光源的好坏直接影响到整机产品的光生物安全性能，因此建议生产企业在进行灯具配套的光源选用时，一定要注意选取有合格测试报告的、优质的、低光辐射危害的光源，有条件的企业在进行整机装配前，首先对光源进行筛选，并对装配后的灯具进行光辐射安全出厂检测，在出厂前为客户和消费者增加一道风险控制门槛。

5.9.2 光源材料及工艺的控制

光源的材料及工艺对最终整机产品的光生物性能影响显著，特别是近年来发展迅猛的 LED 芯片技术，由于技术新、发展时间快，伴随着许多不被人们重视的光生物问题。本节以 LED 芯片为重点分析对象，将 LED 芯片的控制要求归纳如下：

LED 芯片的生产流程主要包括：固晶、焊线、点粉、灌胶烘烤、试亮测试、分光。其中，与光生物危害密切相关的关键工序是固晶、点粉和灌胶烘烤。生产的 LED 芯片要符合光生物安全要求，建议在生产过程中应对以下工序和工艺进行严格控制：

(1)固晶是在支架底部点上胶水，然后把晶片放入支架里面，让胶水固化，焊线时晶片不移动。这里要注意支架上面的 PN 结要排列均匀，同一块芯片上面的 PN 结不能有明显的疏密分布。PN 结的分布不均匀，容易导致荧光粉被激发不均匀和 LED 芯片亮度不均匀，从而产生光生物安全潜在危害。

(2)点粉是在 LED 的 PN 结上面点上荧光粉，让蓝光芯片激发荧光粉发出白光。这里要特别注意荧光粉的均匀度和用量，荧光粉用量少，容易导致蓝光过剩，产生光生物安全的各类蓝光危害。对于面积较大的大功率集成 LED 芯片，要注意点粉时荧光粉的均匀度，荧光粉的不均匀容易导致 LED 芯片部分面积蓝光剩余和亮度分布不均匀，不利于 LED 芯片光生物安全的风险控制。

(3)灌胶烘烤就是 LED 用特定的胶水灌装后，放在烘箱内将胶水烘干的过程。这里要特别注意烘箱的温度，烘箱温度过高，容易引起胶水的受热不均匀，出现裂缝，从而导致 LED 光分布的改变。LED 芯片裂缝处因荧光粉不足和缺少胶水对光的漫射，而使蓝光直接射出 LED 芯片，导致 LED 芯片的各类蓝光危害。

(4)建议制造商在进行 LED 芯片生产时，一定要认真选择和使用质量好的蓝光芯片和荧光粉，光源材料的质量是所有工序中的重中之重，这是生产优质芯片的前提，如果原材料不好，光靠关键工序的控制也是生产不出质量上乘的 LED 芯片的。

5.9.3 整机防护措施

对整机灯具应采取必要的防护措施，特别是那些装有高色温、大功率、窄光束和有二次光学设计光源的灯具，在出光方向加保护外壳或保护屏进行一定辐射量阻挡是一种比较直接的方法，这不仅能降低整机的辐射，提高光生物安全性能，而且也能让光线变得柔和更容易被消费者接受。另外，提供产品使用说明书，在说明书中完整、详尽地描述使用步骤和注意事项，并要求客户阅读说明书后再操作。在灯系统主体及醒目位置上和在产品使用说明书上标示和警示限定的安装距离、安全使用距离、指定安装光源的方向、不能用眼睛直视的警告、注意烫烧警示等等，这也是可用的、有效的防护措施。同时，对于光辐射危害比较大的灯具，可以在说明书上写明必须由专业人员安装，并且由专业人员指导用户首次操作使用，以保证用户的安全。对于儿童使用的灯具，比如儿童用可移式灯具等，其设计要符合儿童的年龄特点，在平稳性和光源防护性上多加一层保护，防止儿童将灯具翻倒使用导致热伤害或者直视光源致视网膜伤害。一句话，对整机产品来说，所做的所有防护措施就是为了让灯系统的使用者安全使用灯具。基于这个目的，灯具生产企业在生产设计和生产过程中就应控制好产品的质量，严格按 IEC 62471 标准的要求正确设计和生产产品，在采购时把控元件的安全和性能，在生产过程中注意制造工艺，在整机完成后反复进行调试和测试，考虑各种危害因素，周全防护，并且在此基础上正确地管理产品的安全标识，而一旦产品成型后所有的防范措施只不过是一个补救措施。

5.10 照明产品光辐射风险分析和应对

不同波段的光对人类的作用和贡献是不言而喻的，但是如果使用不当，其光辐射对人体的损害也是客观存在的，随着对光辐射领域的深入研究，人们对光辐射产生的危害也日渐清楚，本章节主要是针对光辐射对人类造成的危害，进一步分析和阐述危害来源、风险控制和对消费者的建议，目的是让光产品的使用者能正确避免和减少光辐射危险。

5.10.1 危害描述

光辐射对人体的危害主要有：光致角膜炎、光致结膜炎、白内障、视网膜灼伤、视网膜蓝光危害、皮肤晒黑、紫外红斑、皮肤老化、皮肤癌等，根据 IEC

62471 标准描述，与其对应的危害类别有：光化学紫外危害、视网膜蓝光小光源危害、眼睛的近紫外危害、眼睛的红外辐射危害、皮肤可见和红外热危害、视网膜蓝光危害、视网膜热危害、视网膜热微弱危害。

5.10.2　危害来源

(1)普通灯和灯系统的正常使用

由于过度使用高功率、高色温、二次光学设计、高亮原材料等技术手段，LED 光源的光强和亮度越来越大，导致灯和灯系统的光辐射偏大，光生物指标超出标准限值，造成对人体的光辐射伤害。

(2)普通灯和灯系统的非正常使用

如果普通灯和灯系统在设计及成品时是符合标准要求的，但由于使用者的非正常使用也会造成一些潜在伤害，比如警告标记脱落、防护部件自行拆卸、未按说明要求近距离使用、安装位置不符合要求、误用假冒伪劣产品等等，都有可能造成对人体的伤害。

(3)相关电子产品发光部分的使用

相关电子产品如家用电器、玩具、文具等，常常带有发光部分，用户长时间注视也存在伤害隐患。常见的有灭蚊灯、玩具激光笔、幻灯笔、紫外验钞笔、鱼缸杀菌灯等会对人体造成紫外伤害、光化学伤害和热伤害，导致眼睛黄斑区灼伤，视力急剧下降。

(4)医学健康等预期使用的功能灯

带有医学健康等预期使用功能的灯，如紫外线灯、红外线灯等，都有特殊的使用要求和条件，但因保管不妥善被消费者误用、使用者未在专业人员指导下使用、功能灯未妥善保存等均存在潜在的风险。

(5)灯和灯系统在进行专业检测和作业时，操作人员未经应知应会教育和培训，无上岗操作证等。

5.10.3　风险控制

(1)灯和灯系统的光生物安全风险控制

灯和灯系统的光生物安全控制，应该从源头生产企业和制造商、中间技术支持研究检测机构和后端政府监管 3 个层面一起实施控制。从生产企业层面看，只有从客观上明确自身的主体地位，审时度势，采取积极的态度及时妥善的应对才能保住市场份额，实现技术提升，找到持续发展的出路。应重视对技术的追求，积极熟悉和采用国内外标准，规范产品设计，严格生产过程控制，积极使用新工艺、新技术，为消费者提供优质安全产品。从研究检测机构层面看，应该积极跟踪、研究最新技术、标准规范和检测手段，准确检测、科学分析，以数字说话，了解行业发展动态，为政府决策提供技术支撑，为企业产品升级提供技术支持，同时充分发挥行业协会的作用，积极跟踪标准动态、建立技术壁垒和产品质量的预警机制，将信息及时传达给政府及企业。从政府监管层面看，应该对行业发展的前瞻性研究、标准研究、定期抽查检测信息等方面信息公开化、资源共享，提高消费者识别能力，同时在企业自律的基础上加强产品的质量监管，以及对有质量问题的高风险企业的监督。具体而言，为了提升工作的有效性，政府层面应采取切实可靠的措施，比如建立组织和协调机制、构建综合平台、制定有效的标准化政策、推进企业和研究检测等服务机构的能力建设和技术创新，在重点技术研究、制造工艺改进等环节给予充分的支持和重要的技术导向，加速技术传播，促进新技术产业的形成，帮助企业提高产品质量，提升竞争力，使我国灯和灯系统的光生物安全得到很好的保障，为民造福。

(2)专业研究人员和实验室检测人员风险控制

对于专业研究人员和实验室检测人员，要根据标准要求和实际工作场景开展光生物安全风险评估，并做好安全防范工作，使技术研究人员有一个安全的工作环境。具体的评估方法和流程可详见本书第六章《光生物安全检测实验室风险评估》，其中列举了光生物安全检测实验室的一个风险评估案例，专业研究实验室、企业实验室和相关的工作领域均有借鉴之处。

5.11 给消费者的建议

IEC 62471 标准中所阐述的 8 种危害仅是人类现阶段对灯和灯系统光

辐射危害的一些认识和总结，也许还有一些未知的危害将来还会被不断发现。总体来说，光辐射对人的伤害是一定的，因此给消费者一些建议是必需的。对普通的使用者，建议不要选功率大、亮度强、高色温光源的灯具；其次注意LED灯具的使用距离，尽量在厂家建议的安全距离使用；对相关电子产品发光部分的使用，要注意仔细阅读说明书，对光源部分避免长时间直视。对于专业人员如检测人员或使用带有一定医学和治疗功能灯具的医护人员，在接触灯具前必须做好个人防护工作，如带上护目镜、防护服、防护帽等，避免把自己裸露在有辐射危害的光线之下；同时，上岗前应接受过专业的辐射安全知识培训。

第6章　光生物安全检测实验室风险评估

本书涉及的光生物安全测试是一个相对新的检测领域，而且人们对光辐射危害的研究也还处在不断的持续过程中，如何在光生物安全检测过程中避免工作人员的辐射风险也是一个全新的课题。虽然目前人类已对8种光辐射危害的机理和引发的病理状况有了一定的了解，但也不能认为光辐射产生的危害就仅这8种，很显然这也对检测人员的防护增加了难度。

实验室有必要根据自身的检测工作特点，正确识别危险源的存在并确定其特性，对已识别的危险源进行风险等级评估，如果评估后发现对危险源的现有控制措施不充分或未采取控制措施，应按控制措施的有效性顺序选择和实施最有效的控制措施。风险控制的目的是确定将风险降至可容许程度的措施，可容许风险指经过实验室的努力将原来危害程度较大的风险变成危害程度较小的、可以被接受的风险。

本章力求从对标准的检测要求、试验方法、产品特性、环境要求等方面的研究，通过风险矩阵、JHA分析表等科学的方法对光生物安全检测实验室的风险评估进行探索分析，并给出光生物安全检测实验室实施的实例评估示范运行报告，具有较好的示范和实用参考价值。

6.1　危险源识别

对危险源的识别是辨别导致伤害或不健康的可能原因或贡献因数的一个过程。实验室应对其工作范围内的所有工作，包括所有试验项目、设备、工作场所、基础设施、公共区域等进行危险源辨识，在识别的过程中要注意不要把自己限制在曾经经历过的情形中，要扩展思维预见所有类型的潜在危险。

在光生物安全检测中，危险源是灯和灯系统产生的紫外辐射、可见光、红外辐射，具体为光化紫外辐照度、近紫外辐照度、蓝光辐亮度等八种危害。同时在危险源识别时还应区别检测设备、定标光源和被测样品各自产生的光辐射及产生的危害。在识别危险源时要从环境、设计系统、检测过程、人为因素等方面综合考虑，用过程排除法一步步进行识别，如工作场所视检、标准要求、伤害趋势等等。

6.2　风险评价

风险评价是对危险源导致的风险进行评估，并对现有控制措施的充分性加以考虑以及对风险是否可接受予以确定的过程。评估伤害将来会发生的可能性和它的严重性；主要考虑人员健康和安全风险；评固设备、财产、环境影响的损害等。

实验室在进行光生物安全检测工作的风险评价时要考虑如下的因素：

(1)识别操作光辐射源的有关危险。

(2)评价已识别的危险源的危险程度。必要时，应对实验室人员在工作岗位受到的光辐射进行量值测量，以准确确定危险程度。

(3)评价光辐射种类、人员曝露于已识别危险源的危险程度，以及这些危险导致伤害或者疾病的潜在可能性。

(4)选择消除危险或者将危险最小化的控制方法。

(5)评价光辐射设备的操作人员或可能曝露于该辐射的人员的培训水平。

在实施评价时可以从以下两个方面进行考虑：

(1)固有风险

固有风险主要考虑的是该伤害可能产生的结果是什么？人员将被影响的可能性怎样？可能需要考虑谁曝露于危险中，多频繁和多久等问题。

(2)剩余风险

剩余风险主要是指在考虑采取了现有的控制手段以及危害的防护后留下来的风险,从而确定进一步要采取控制的措施。

风险评价的方法和工具很多,每一种方法或工具都有其目的性和特点,也有各自的适用范围和局限性。实验室宜根据其管理和运行特点,开发或选择适用于其范围、性质和规模的危险源辨识和风险评价的方法,且能在其可靠数据的详尽性、复杂性、及时性、成本和可利用性方面满足其要求。风险评估表格中的风险矩阵作为一种危险识别和风险评估的工具是最受欢迎和有效的。风险矩阵示例详见表 6-1。

表 6-1 风险矩阵示例

发生概率 / 严重性 / 风险等级	低	中	高
轻微伤害	极低风险	低风险	中等风险
中等伤害	低风险	中等风险	高风险
严重伤害	中等风险	高风险	极高风险

6.3 控制措施

在风险评价的基础上,要根据评价结果有针对性地进行风险控制。风险控制的目的是确定将风险降至可容许程度的措施,可容许风险指经过实验室的努力将原来危害程度较大的风险变成危害程度较小的、可以被接受的风险。总体原则是不应有任何预期超过最大允许值的对皮肤或者眼睛的直接辐射持续发生。任何情况下,与正在进行的任务所带来的利益相比,应将辐射降低到尽可能小放在首先。

6.3.1 防护措施

有效的防御光辐射危害的安全措施有很多,其中有一些安全措施对于所有形式的光辐射危害都是通用的。总结而言，所有的控制措施可以是消除、替代，工程的方法如屏障、通风、隔离等等，即：

(1)屏蔽辐射源，以避免人员直接或者间接曝露于辐射中；

(2)将辐射源与操作人员之间的距离最大化；

(3)曝露时间最小化；

(4)给工作人员提供必要的防护装备，如防护服和护目镜；

(5)限制非授权人员进入；

(6)定期进行辐射源测量。

使用以上控制措施时，应有文件规定并予以执行，以确保其有效性。应通过测量或者计算检查其有效性。检查有效性时，考虑参数的相应范围很重要，比如，光辐照度随光源种类、波长以及所在场所的变化而变化的特点。

6.3.2　辐射危害及其防护举例

(1)红外线辐射

症状描述：红外线照射皮肤时，大部分被皮下组织吸收使局部加热，皮肤温度升高，血管扩张，出现红斑反应，反复照射时局部可出现色素沉着；过量的红外线照射，可引起皮肤急性灼伤；人体照射面积较大、时间较长时，人体会因过热而出现全身症状，甚至发生中暑。红外线照射对人体眼睛的损伤尤其厉害，可能引起角膜和瞳孔括约肌的损伤，眼睛不适或疼痛，瞳孔痉挛甚至瞳孔括约肌瘫痪、双眼集合作用减退、阅读困难。

示例：红外灯取暖器

防护措施：1)红外灯取暖器的醒目位置贴有图案或文字描述的警告标示，提醒消费者不要裸眼看强光，不要近距离使用器具；2)按制造商说明书的要求安全使用；3)特殊用途的红外灯装置，非预期使用 部位可以通过穿戴防护服、防护帽、护目镜等个人防护设备进行保护。

(2)紫外线辐射

症状描述：紫外线照射皮肤时，可引起血管扩张，出现红斑；过量照射可产生弥漫性红斑，并可形成小水泡和水肿；长期照射可使皮肤干燥、失去弹性和老化。紫外线照射对眼睛的损伤：如电弧光，可引起急性角膜炎。

示例：紫外灭蚊灯、消毒柜或灭菌设备

防护措施：1)增大与辐射源的使用距离和在设备上标示辐射危险警告标识。2)选择合格的设备，按照说明书的要求不使身体曝露在紫外线下。除了操作人员，也应避免周围附近的人员曝露于紫外线下。3)工作人员佩戴护目镜。4)操作区及危险带贴有醒目的警告牌，限制人员随意进入。

6.3.3 个人保护设备

实验室应识别和确定个体防护装备的需求，并配备充分的个体防护装备。应根据实验类别和个体防护装备的防护性能选用合适的个体防护装备。实验室应定期检查个体防护装备，确保其状态完好。

个体防护装备非常多，示例如下：安全眼镜、安全鞋、安全帽、面罩、滤罐呼吸器、手套、防护罩衫，可以根据工作场所、经济条件、危害产生的严重程度和频次来选择使用。

6.3.4 距离防护

距离防护是光辐射防护的一种有效方法，当使用距离作为一种光辐射的保护措施时，应注意考虑下述因素：

(1)在大面积辐射源附近，辐照度随着距离的改变变化很小；

(2)在长条状的日光灯附近，辐照度与到光源的距离成反比；

(3)当距离远大于辐射源的直径时，辐照度与辐射源的距离的平方成反比。

增加光辐射源与人体之间的距离可减少照射量；或者说在一定距离以外工作，使人们所受的照射量在最高允许限值以下，从而达到防护目的。

6.3.5 应知应会培训

应对所有存在潜在危险的光辐射源附近区域工作的人员实施光辐射防护培训。培训内容至少应包括：

(1)光辐射源的性质及其危害性；

(2)常用防护措施、防护用品及使用方法；

(3)个体防护装备及使用方法;

(4)对过度曝露造成的危害的认知、评估以及可能的处理方法;

(5)对任何事件报告给安全责任人的必要性;

(6)光辐射危害防护规定。

6.3.6　安全标志

实验室应根据光辐射危险等级设置相应的安全标志,包括 GB 2894 所列举的符号,在可能有危险的地区设置警告标志,禁止非授权人员入内,或根据危险等级设置相应的屏障。

警告标志应清楚地放置在入口处和任何危险的光辐射源的邻近区域。警告标志应明确辐射类型。

安全标志还应指出实验室使用的所有防护服或者防护装备,并且应规定限制进入以及被授权进入的人员。

6.4　复查风险评估

风险评估工作不是一劳永逸的一件事情,必须根据工作的变化情况动态地跟踪,随时做出修正或调整。如程序或危险改变了、新设备/材料的修改或引入、工作场地的搬迁、新工作项目的开展等等。当上述变化发生时,实验室应及时组织对原有危险源的重新识别和评价,并在原控制措施的基础上进行修正或调整,以保证实验室和人员的安全。风险评估的流程详见图 6-1 所示。

6.5　光生物安全检测示范运行报告

光生物安全实验室的风险评估步骤:首先对实验室检测工作中的危险源进行识别,然后进行风险分析和等级评估,再按检查表进行风险检查,如有问题需进行整改,跟踪检查后完成评估。

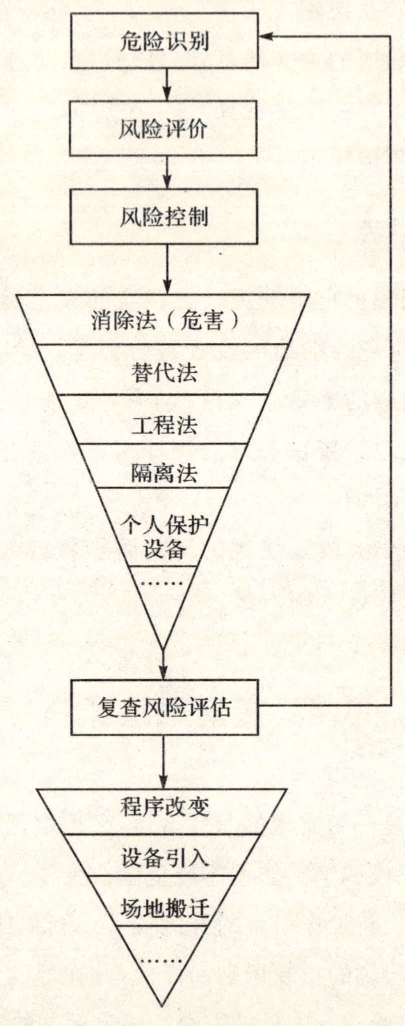

图 6-1　风险评估流程图

6.5.1　工作描述

光生物安全检测主要依据 IEC 62471 标准要求对灯和灯系统进行测试，考核所有 200～3000nm 波长范围的光学辐射，并按照不同波长光辐射对人眼和皮肤造成的伤害进行分类，通过测量光化紫外辐照度、近紫外辐照度、蓝光辐亮度、蓝光小光源辐照度、视网膜热危害辐亮度、视网膜热微弱辐亮度、眼睛的红外辐射辐照度作为评价基数，按照各类曝辐限值以 4 种危害等级的要求进行评定。确保灯和灯系统在正常使用时能安全的工作，对人或周围环境不会产生辐射危险。

在进行测量时被测样品的辐照度或辐亮度值应在产生 500lx 照度的距离或 200mm 距离下测试，测试前应根据标准的要求对灯和灯系统进行测量距离的判定。

以紫外消毒灯为试验样品，按 IEC 62471 标准要求进行光生物安全测试，举例说明光生物安全测试流程。本例中选择测试距离为 200mm，其他试验条件为供电电压 220V、频率 50Hz，环境条件为温度 25℃、相对湿度 70%。检测步骤如下：

第 1 步，打开光生物测试设备，待系统稳定后首先进行系统定标，通过将标准灯的标准文件与实际标准灯输出数据进行比较定标。由于对紫外波段采用紫外氘灯进行定标，其发出的紫外线对人员有紫外辐射危害，因此在该波段的定标过程中，应特别注意对人员眼睛和皮肤的保护，可通过佩戴紫外防护面罩、手套和穿防护服达到人员防护的目的。另外，对于其余波段定标，由于光强标准灯和标准亮度源具有一定的发光强度，如果人员直视光源亦会造成眼睛的损伤，因此测试人员最好佩戴护目镜以减小入射到眼睛的强光。标准灯工作结束后由于会存在一定的发热，应注意待其冷却后再取下，避免人手烫伤危险。定标完成后，将标准灯重新存放回固定的位置，减少人员随意使用的风险。

第 2 步，选取合适的测试工装，将样品固定在测试工装上，将样品移动到离测试镜头 200mm 处，通过十字对准激光装置调整样品位置，应注意人眼不能直视激光，以免发生眼睛的损伤，可通过佩戴护目镜防止意外直视带来的风险。

第 3 步，点亮样品，待样品输出稳定后进行测试。示例中所测样品为紫外消毒灯，因不明确该样品的风险等级，所以应预防样品可能产生的危害，通过佩戴紫外防护面罩、手套和穿防护服达到人员防护的目的。

第 4 步，测试采用软件自动运行方式进行，点击测试，根据系统提示按步骤完成整个测试，应注意在测试中保持测试区域无外界辐射，测试人员和其余无关人员不得随意进出测试暗室，避免人员受到意外辐射伤害。

第 5 步，测试结束，打印试验结果报告，关闭样品电源，待样品冷却后取下样品，由于样品可能存在的辐射危害，应将该样品存放于实验室设置的专门样品区域，以避免其他人员意外使用造成人员伤害。

第 6 步，查看测试结果并按标准要求进行结果判定，除无危险类（豁免级）外的危险组别，其余需对比标准要求确定超过限值的危害种类和等级。

6.5.2 危险源识别

分析光生物安全检测的整个过程分析，辐射危险源主要来自两方面，一是定标用的紫外氘灯在定标过程中发出的紫外线可能会产生对人体眼睛和皮肤的伤害；二是被测样品在测试过程中因正常工作产生的光辐射可能造成对人体的伤害。概括日常的检测样品，通常可以将被测样品分成 3 类描述，第 1 类是 LED 光源和 LED 灯具，主要考虑其蓝光危害；第 2 类是普通照明灯具，功率过大、光强过高的灯具会有一定的辐射危害产生；第 3 类是特殊用途灯具，如紫外线灯，测试过程中如对产品的特性不熟悉，对其工作原理不了解或疏忽了防护，有可能造成对人体的伤害。检测实验室辐射危险源的识别和可能的危害见表 6-2。

表 6-2 实验室工作危险源识别

序号	危险源	工作描述和危害识别	可能的危害
1	定标用紫外灯	定标使用时发出紫外辐射	对眼睛和皮肤造成伤害
2	LED 光源、LED 灯具	LED 光源、LED 灯具等产品在检测中发出较强的蓝光	视网膜蓝光危害
3	普通照明灯具如白炽灯、高压钠灯等	光化紫外危害、近紫外危害、蓝光危害等	对眼睛和皮肤造成伤害
4	特殊用途灯具如紫外线灯、浴霸灯	检测过程中有可能接触到紫外辐射、红外辐射等	可能造成检测人员眼睛、皮肤灼伤等危害

6.5.3　光辐射危害 JHA 分析表

实验室在进行光源和灯具光生物安全测试时，可以利用风险评价矩阵和 JHA 分析表进行风险的综合评价。

在进行评价时，首先应按照风险矩阵的因素对危害发生的概率、危害严重程度进行分析和判定，然后再根据风险矩阵表进行风险等级的确定，示例分析描述如下：

概率：(1)定标用紫外灯。在定标过程中，紫外灯会发出紫外辐射，极可能对眼睛和皮肤造成伤害，此现象通常较易发生，而由于防护不当使人员遭受意外伤害也是时有发生，因此对于该项目的风险概率定性为中等；(2) LED 光源和灯具。个别功率大、经多次光学设计的 LED 光源、LED 灯具等产品在检测中有可能发出较强的蓝光，但其发生频率不会太高，所以风险概率定为低；(3)普通照明灯具。普通照明灯具在检测过程中有可能引起光辐射危害，除特殊使用的灯具，一般发生概率不高，可以定为低；(4)特殊用途灯具。特殊用途灯具如医用紫外消毒灯、红外灯等，在检测过程中因灯具的正常工作有可能使人员接触到紫外辐射、红外辐射、臭氧等有毒气体，可能造成检测人员眼睛视网膜伤害、皮肤灼伤等危害，但在正常情况下，检测人员持证上岗，接受过专业培训，所以风险概率定为中等。

严重性：(1)定标用紫外灯。如检测人员对定标用紫外灯的认识不足或疏于防护，对人员的眼睛产生的危害是比较严重的，因此属于中等伤害等级；(2) LED 光源、LED 灯具。正常或非预期工作时会产生较大的蓝光辐射，严重伤害人体的眼睛和皮肤，因此定为严重伤害；(3)普通照明灯具。普通照明灯在正常或非预期工作时会产生光辐射，可能会对人体产生光化紫外、近紫外、蓝光等危害，但由于普通照明灯具的功率、光强等都不会过大、过高，而且在检测过程当中，人体也不会过近去看或触摸灯具，所以伤害等级轻微；(4)特殊用途灯具。特殊用途灯具由于要实现特殊的功能，往往在设计时会有特殊的要求，如强紫外、强红外、高强度、高亮度等以达到使用的目的，因此会有较强的光辐射产生，定为严重程度。

风险等级：根据表 6-1 风险矩阵表的组合判定，我们可以得出如下结论:(1)定标用紫外灯。中等概率和中等伤害定性为中等风险;(2)LED光源和灯具。低概率和严重伤害定性为中等风险;(3)普通照明灯具。低概率和轻微伤害定性为极低风险;(4)特殊用途灯具。中等概率和严重伤害定性为高风险。

可见,在实验室的光生物安全检测时,定标用紫外灯和LED光源、LED灯具工作时有可能产生中等风险的危害,为了避免伤害或将伤害降低为最低,我们应在限定的时间周期内实施控制措施,同时在限定期内,有必要短暂地停止或限制活动,或采取过渡性的临时风险控制措施。另外需要制订保证控制措施有效实施的计划,特别注意风险等级与严重伤害成因果关系的场合,采取合理的措施降低风险。表6-3是根据实验室进行日常灯具和光源检测情况制订的JHA分析表。

表6-3 风险评价JHA矩阵分析表

序号	产品类别	工作描述	危害源识别	发生概率	危害严重性	风险等级	控制措施
1	定标用紫外灯	定标使用时发出紫外辐射	对眼睛和皮肤造成伤害	中	中等伤害	中等风险	1.对操作人员进行上岗培训,以确保正确和规范使用标准灯;2.佩戴专用的防护面罩、防护眼镜、适宜的防护手套和防护服,不得有裸露的皮肤
2	LED光源、LED灯具	LED光源、LED灯具等产品在检测中发出较强的蓝光	视网膜蓝光危害	低	严重伤害	中等风险	1.应知应会培训;2.在检测岗位配备护目镜等防护设施

续　表

序号	产品类别	工作描述	危害源识别	发生概率	危害严重性	风险等级	控制措施
3	普通照明灯具	灯具正常工作产生的光辐射导致光化紫外、近紫外、蓝光等危害	对眼睛和皮肤造成伤害	低	轻微伤害	极低风险	无
4	特殊用途灯具	检测过程中有可能接触到紫外辐射、红外辐射，以及臭氧等有毒气体	可能造成检测人员眼睛、皮肤灼伤等危害	中	严重伤害	高风险	1. 进行专业知识培训，让员工了解各类特殊产品的工作原理，使员工有正确的防范意识；2. 保持安全距离佩戴个人防护设施

为了更清楚地了解在进行灯和灯系统光生物安全测试时，各类产品在检测过程中的辐射危险源识别、风险评价和措施选择，熟悉风险矩阵 JHA 分析表的使用，编者总结归纳案例的如表 6-4 所示。

表 6-4　常见的几类产品分析案例

序号	被测产品举例	特点描述	危害源识别	发生概率	危害严重性	风险等级	控制措施
1	白炽灯或灯具	利用电阻把钨丝加热至白炽来发光的灯。白炽灯外围由玻璃制造，把灯丝保持在真空或低压的惰性气体之下，作用是防止灯丝在高温之下氧化。光谱连续，显色性好；可调光，无频闪；是最接近太阳光色的人造光源	大功率引起皮肤热危害	低	轻微伤害	极低风险	1. 增加使用距离；2. 使用低功率光源；3. 增加防护屏罩

续 表

序号	被测产品举例	特点描述	危害源识别	发生概率	危害严重性	风险等级	控制措施
2	卤钨灯或灯具	在白炽灯的充填惰性气体中加入微量卤素或卤化物而制成。灯泡外壁发黑很少，灯丝耐久性比较好	紫外线、大功率引起皮肤热危害	低	中等伤害	低风险	1. 增加防护玻璃；2. 增加使用距离；3. 降低光源功率
3	荧光灯或灯具	由受激发的汞蒸气放电时发出的紫外线激发管内荧光粉而发光。多色温可选、光效高、适用于大面积表面照明	紫外危害	低	轻微伤害	极低风险	无
4	紫外线臭氧杀菌灯	紫外线杀菌灯灯管内的汞原子被激发产生汞的特征谱线。低压汞蒸气主要产生 254～185nm 紫外线。杀菌灯灯管则用透紫线玻璃或石英玻璃生产。紫外线穿过玻璃管壁透射出来。185nm 波长紫外线与空气作用可产生有强氧化作用的臭氧，可有效地杀灭细菌。	紫外危害	中	严重伤害	高风险	1. 佩戴专用的防护面罩或眼镜及适宜的防护手套，不得有裸露的皮肤；2. 获取专业知识培训；3. 警告标识
5	高压气体放电灯	通过灯管中的弧光放电，再结合灯管中填充的惰性气体或金属蒸气产生很强的光线。由氙气所产生的白色超强电弧光可提高光线色温值。高色温、高寿命	紫外危害、大功率引起皮肤热危害	中	中等伤害	中等风险	1. 增大与辐射源的距离 2. 佩戴个体防护装备

续　表

序号	被测产品举例	特点描述	危害源识别	发生概率	危害严重性	风险等级	控制措施
6	LED 灯或灯具	白光 LED 通常通过蓝光 LED 芯片激发 YAG 黄色荧光粉产生。耗能少、适用性强、稳定性高、响应时间短、对环境无污染、多色发光	视网膜蓝光危害	低	严重伤害	中等风险	1. 降低色温；2. 增加使用距离
7	浴霸灯	以特制的红外线石英加热灯泡作为热源，通过直接辐射加热室内空气，不需要预热，可在瞬间获得大范围的取暖效果。升温快、取暖面积小	眼角膜/晶状体红外危害、皮肤热危害	中	严重伤害	高风险	1. 按照说明书要求安装浴霸 2. 使用时避免裸眼看灯 3. 使用警告标识

6.5.4　宜采取的风险控制措施

在完成光生物安全检测实验室的危险源识别，以及风险等级的确定后，在考虑需要采取的风险控制措施时，要重点考虑人员、设备、环境设施、样品及贮存等方面的要求。

6.5.4.1　人员要求

对实验室人员需要考虑采取以下措施：

(1)实验室人员和访问者应接受必要的应知应会内容培训，包括试验时发生辐射危害的后果程度、相关标准要求的规定、预防措施和方法、设备和试验的安全操作规程、个人防护设备的使用、应急程序等；

(2)试验人员使用的护目镜、防护面罩、防护服等合适的个人防护设备应放置到位，应对使用者进行设备的使用培训；

(3)对试验人员进行照明检测产品的工作原理等专业知识的培训；

(4)外来参观人员应被告知实验室的危险源和注意事项；

6.5.4.2 设备要求

对检测系统采取的控制措施：

(1)实验室用的定标紫外灯应有合适的贮存位置和明显的标识，避免人员误用；

(2)有详细的规定，要求在试验时试验人员与定标紫外灯保持一定的安全距离；

(3)定期维护保养，保持良好的安全运行状态；

(4)安全标识，包括警告标识；

6.5.4.3 设施和环境要求

实施控制措施后应满足：

(1)与试验配套使用的电供应的安全和正常维护；

(2)试验区域周围设置防护区域，保护人员安全；

(3)试验区域无固有电磁辐射和光辐射存在；

6.5.4.4 消耗材料和样品要求

对实验室的耗材和样品应采取的控制措施：

(1)对有辐射风险的样品在整个包装、储存、传递过程采取隔离防护和安全贮存；

(2)试验过程中检测人员操作预期有危害的样品时的防护措施；

(3)带有辐射危险的试验样品的警告标识和隔离贮存；

6.5.4.5 检测方法

制订并实施安全操作规程，包含试验时试验人员必须佩戴护目镜或防护面罩、使危险源和试验人员保持安全距离、应急措施等要求。

6.5.5 现状评价

6.5.5.1 光生物安全检测现有控制措施

使用表 6-5 对实验室现状进行检查，检查结果发现实验室分别在人员培训、试验区域的标识、试验用定标光源的贮存和标识三个方面存在不符合情况。

表 6-5　光生物安全检测实验室现状检查表

检查内容	检查记录	符合性	
		是	否
检测的项目和使用的主要标准	IEC 62471、GB/T 20145 等	√	
是否有安全培训、时间、内容	实验室人员有安全培训记录和内容，来访者无培训记录		√
个人防护设备的名称、数量	有护目镜、防护面罩、防护服各一套	√	
试验区域是否设置防护警示	设置警示线	√	
试验区域是否有安全标识，什么标识	试验区域无警告标示		√
是否有试验安全操作规程？文件编号	有试验安全操作规程	√	
设备的维护保养内容、时间	每年对设备进行一次计量校准，每年年对设备进行一次期间核查	√	
试验室电参数和运行状态	电源由稳压电源供应	√	
试验室如何监控？消防设施	在试验预处理阶段，标准灯或样品供电达到稳定，由数字功率计监测电参数；通道走廊上一定距离都放置消防箱；测试时试验区域放置警告牌	√	
测试完样品如何处理	归还客户或集中统一处理	√	
样品如何传递	由推车将带包装的样品从样品室运送到试验室	√	
定标光源是否有固定的贮存位置和标识	有固定的贮存位置并有专人保管，但无警告标识		√
对判定有可能产生严重危害的样品是否有特殊的放置要求？有专人管理	实验室有规定对判定有可能产生严重危害的样品测试前后均有专人负责保管直至样品返回制造商	√	

6.5.5.2 需要采取的控制措施

根据表 6-5 的检查结果，对存在的 3 个不符合项提出改进的控制措施，内容详见表 6-6。

表 6-6 需要改进的控制措施

问题类别	存在问题	改进措施
人员	来访者无培训记录	建立来访者进入实验室前的简单培训制度，加强安全意识
设备	有固定的贮存位置并有专人保管，但无警告标识	在定标光源贮存位置增加警告标识
设施和环境要求	试验区域无警告标示	在试验区域增加警告标识

6.5.5.3 实施效果

根据检查的不符合情况，对以上 3 个不符合项采取积极的整改措施：

(1)来访者无培训记录。虽然实验室已建立了对检测人员和相关人员的专业培训、危险源来源和防护措施培训，但是未建立来访者培训制度。整改要求：在培训计划里增加来访者进入实验室前的培训制度，告知实验室危险源的类别、危险样品、设备的贮存区域位置，以及应急措施的采取等知识培训；

(2)定标光源有固定的贮存位置并有专人保管，但无警告标识。整改要求：在由专人负责并贮存的橱柜上，增加警告标识，整改后图片详见图 6-2 和图 6-3。

(3)试验区域无警告标示。整改要求：在实验室试验区域增加“试验区域，避免辐射危险”警告标识，整改后图片详见图 6-4 和图 6-5。

经过各项改进，实验室按照此方法运行，发现该防护系统有一定的稳定性，可大大降低人员发生意外伤害的可能性。试验人员对此方法表示认可并可以持续执行。

图 6-2　定标光源隔离贮存箱

图 6-3　定标光源贮存警告标识

图 6-4　试验区域警告标识

图 6-5　试验区域警告标识

6.5.6　实验室风险控制措施举例

6.5.6.1　个人防护设备的配置(图 6-6～图 6-11)

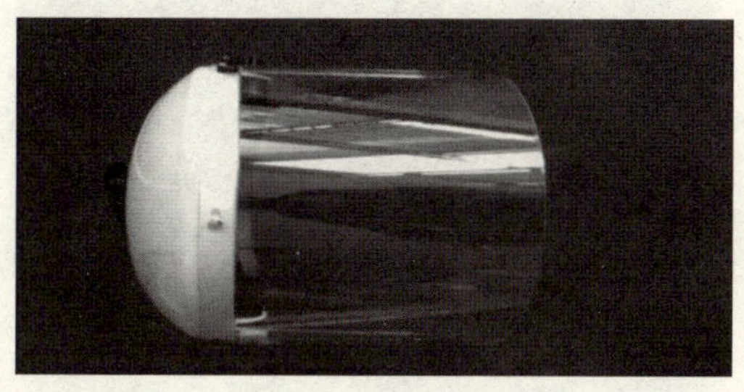

图 6-6　防护面罩

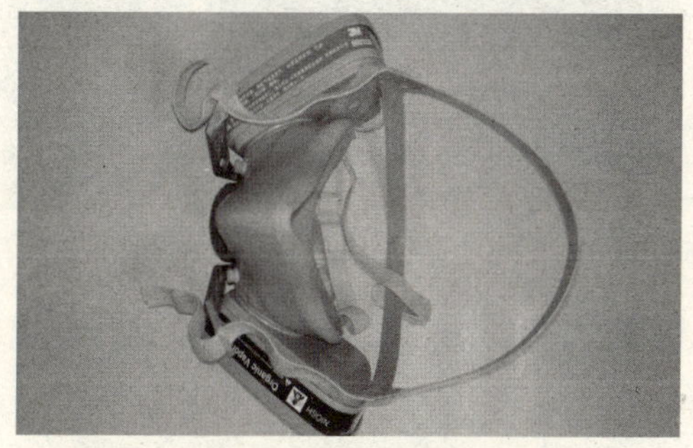

图 6-7　防护面罩

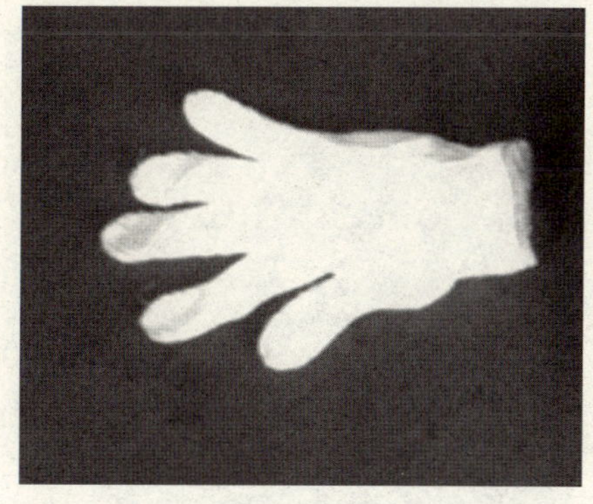

图 6-8　防护手套

图 6-9 防护鞋

图 6-10 防护服

图 6-11 护目镜

6.5.6.2　试验区域的控制(图 6-12～图 6-16)

图 6-12　试验区域警示

试验区域警示

图 6-14　特殊功能样品及有辐射危害样品放置区域

6.5.6.3　安全标志

安全标志是用以表达特定安全信息的标志，由图形符号、安全色、几何形状(边框)或文字构成，在工作场所提醒人们注意不安全因素、防止事故发生。

安全标志基本要素包括图形符号、安全色、几何形状(边框)或文字。图形符号根据不同的管理对象，在具体标准中规定，安全色对所有的安全标志均适用。安全色使用红、蓝、黄、绿 4 种颜色传递安全信息含义，分别用来表示禁止、警告、指令、指示，使人们能够迅速发现或分辨安全标志。

在检测实验室领域，与辐射相关的安全标志分类和例子见表 6-7，共有

图 6-15 定标光源专柜

图 6-16 限制人员出入门禁系统

4 类：

(1)禁止标志

禁止人们的不安全行为的图形标志，基本形式是带斜杠的圆边框，图形为黑色，禁止符号与文字底色为红色。

(2)警告标志

提醒人们对周围环境引起注意，以避免可能发生危险的图形标志，基本形式是正三角边框，图形、警告符号及字体为黑色，图形底色为黄色。

(3)指令标志

强制人们应做出某种动作或采用防范措施的图形标志，基本形式是圆形边框，图形为白色，指令标志底色均为蓝色。

(4)文字辅助标志

与安全图形标志配合使用，基本型式为矩形边框，可根据需要采用横写或竖写。

横写时，文字辅助标志写在标志下方，可以与标志连在一起或分开。禁止标志、指令标志为白色字，警告标志为黑色字，禁止标志、指令标志衬底色为标志颜色，警告标志衬底色为白色。

竖写时，文字辅助标志写在标志杆的上部。禁止标志、警告标志、指令标志均为白色衬底黑色字。

标志杆下部色带的颜色应和标志的颜色相一致。

表 6-7 安全标志、含义和例子

<table>
<tr><th>序号</th><th colspan="3">与辐射相关的安全标志、含义和例子</th></tr>
<tr><td rowspan="3">1</td><td colspan="3">禁止标志</td></tr>
<tr><td>1</td><td> 禁止入内</td><td>易造成事故或对人员有伤害的场所，如：紫外消毒室等</td></tr>
<tr><td>2</td><td> 禁止停留</td><td>对人员具有直接危害的场所，如：电磁辐射区等</td></tr>
<tr><td rowspan="2">2</td><td colspan="3">禁止标志</td></tr>
<tr><td>1</td><td> 当心弧光</td><td>由于弧光造成眼部伤害的各种焊接作业场所</td></tr>
</table>

续　表

序号	与辐射相关的安全标志、含义和例子		
	指令标志		
3	1	 必须戴防护眼镜	对眼睛有伤害的各种作业场所
	2	 必须佩戴遮光护目镜	存在紫外、红外、激光等光辐射的场所，如紫外透射光源、高压放电灯、高压弧光、碳弧光和电焊弧光等
	3	 必须穿防护服	具有微波及其他需穿防护服的作业场所
	4	 必须带防护手套	具伤害手部的作业场所，如紫外透射光源等

续 表

序号	与辐射相关的安全标志、含义和例子		
	指令标志		
3	5	必须加锁	使用钥匙控制的辐射设备等
4	文字辅助标志		
	1	必须戴安全帽	对头部有伤害的各种作业场所
	2	禁止通行	易造成事故或对人员有伤害的场所,如:紫外消毒室等

参考文献

[1] 李农，杨燕. LED 照明设计与应用[M]. 北京：科学出版社，2009.

[2] 俞建峰，顾高浪，陶宏锦. LED 照明产品质量控制与国际认证[M]. 北京：人民邮电出版社，2012.

[3] 熊勇. 广东省 LED 照明产业标准体系规划研究报告[M]. 广州：华南理工大学出版社，2012.

[4] 吴晓晨，蔡喆，彭振坚. LED 灯具光辐射安全相关标准介绍[J]. 中国照明电器，2011(08).

[5] 虞建栋. 光生物安全性的测试与评价研究[D]. 硕士学位论文，浙江大学，2006.

[6] 虞建栋. LED 光辐射安全及标准进展[J]. 信息技术与标准化，2009(05).

[7] 过峰，乔波，赵介军. 光生物辐射安全测量技术[J]. 照明工程学报，2014，25(4).

[8] 陈超中，施晓红. LED 灯具蓝光危害评估方法[J]. 中国照明电器，2013(3).

[9] 弁同升等.《普通照明 LED 与蓝光》白皮书[M]. 2013.

[10] 国家质量监督检验检疫总局 GB/T 27476.4-2014 检测实验室安全第 4 部分：非电离辐射因素[S]. 北京：中国标准出版社，2014.

[11] 国家质量监督检验检疫总局 GB 2894-2008 安全标志及其使用导则[S]. 北京：中国标准出版社，2008.

[12] 国家质量监督检验检疫总局 GB/T 11651-2008 个体防护装备

选用规范[S]. 北京:中国标准出版社,2008.

[13] 国家质量监督检验检疫总局 GB/T 20145-2006 灯和灯系统的光生物安全性[S]. 北京:中国标准出版社,2006.

[14] IEC/TR 62778:2012 IEC 62471 中关于光源和灯具的蓝光危害评估的应用[S]. 2012.

[15] AS/NZS 2243.5:2004 实验室安全第 5 部分非电离辐射——电磁波、噪声和超声波[S]. 2004.

索 引